JN239757

ライブラリ 新数学基礎テキスト TK2

ガイダンス
微分積分

岡安 類 著

サイエンス社

●編者のことば●

　本ライブラリは理学・工学系学部生向けの数学書である．世の中での数学の重要性は日々高まっており，きちんと数学を学んだ学生の需要は大きい．たとえば最近人工知能の進歩が大きな話題となっており，ディープラーニングの威力が華々しいが，ディープラーニングの基礎は高度に数学的である．また次世代のコンピュータとして，量子コンピュータへの期待が大きいが，ここにも最先端の数学が使われている．もっと基礎的な話題としては統計学の知識が多くの社会的な場面で必須となっているが，統計学をきちんと理解するのには高校レベルの数学では全く不十分である．現在の文明を維持し，さらに発展させていくためには多くの人が大学レベルの数学を学ぶことが必要である．

　このように大学基礎レベルの数学の必要性が高まっているところであるが，そのような数学をしっかり学ぶことは容易ではない．様々な新しいディジタルメディアが登場している現代だが，残念ながら数学を簡単にマスターする方法は開発されていないし，近い将来開発される見込みもない．結局は講義を聴いたりすることに加えて，自分で本を読み，手を動かして論理を追って計算を体験する以上の方法はないのである．私が大学生だった頃に比べ，大学の数学の講義のスタイルには大きな変化があり，一方的に抽象的な証明だけを延々と続けるという教員はほぼいなくなったであろう．このように講義スタイルは昔よりずっと親切になっていると思うが，学びの本質的なポイントには変化はないと言ってよい．

　しかしそのような勉強のための本にはまだ様々な工夫の余地がある．これがすでに多くある教科書に加えて，本ライブラリを世に出す理由である．各著者の方々には，豊富な教育経験に基づき，わかりやすい記述をお願いしたところである．本ライブラリは前に私が編者を務めた「ライブラリ　数学コア・テキスト」よりは少し高めのレベル設定となっている．本ライブラリが数学を学ぶ大学生の皆さんの良い助けになることを願っている．

2019 年 9 月 　　　　　　　　　　　　　　　　　　編者　河東泰之

●序　　文●

　本書は，大学における理工系学部初学年の学生を対象に半年から1年間（半期週1コマ90分15回）の微分積分学の講義を念頭に書かれた教科書である．

　最近，インターネットは生活に不可欠なものとなり，ビッグデータやAI（人工知能）などが急速に注目され始めた．新たな社会を指すSociety 5.0が未来の社会の姿として提唱されている．そこで求められる能力として，数学的思考力がますます必要とされると考えられている．

　それにも関わらず，大学全入時代を迎えた理工系学部において，数学（特に数学III）未履修者が入学するようになり，講義を行うことが困難となってきた．

　本書は，このような状況を考えて大学基礎課程における微分積分学の教科書として使いやすいようにいくつかの試みを行った．

　まず，できるだけテンポよく進み，全体像を把握しやすいように定理の証明は一切書いていない．詳しい証明が気になる学生諸君は別に一冊，手元におくことをお勧めする．巻末の参考文献を参照して頂きたい．一方で例題や問題を多く採り入れ，解答はできるだけ丁寧に記載し，わかりやすくした．また理解を助けるために図も多く載せた．

　次に大学数学において，はじめに戸惑うものに全称記号 $\forall$ と存在記号 $\exists$ があり，微分積分学はそれらを用いて記述される初学者には難解な「$\varepsilon\text{-}\delta$論法」がいきなり現れる．高校数学との違いを強調するためにも数列・関数の極限の定義はあえて正確に述べてある．そのための準備として，集合と写像や数学的論理について簡単な解説をつけた．

　数学的な内容としては，実数と有理数の違いである完備性の細かい証明を省き，わかりやすく説明した．初等関数については高校数学の復習も入れつつ，指数関数や対数関数については定義から始めている．一方で三角関数については既知とした．1変数関数の微分はテイラーの定理を通して，無限小・無限大の比較から関数の漸近的な振る舞いを理解できることに主眼をおいた．1変数関数の積分は微分積分学の基本定理を正確に説明するためにも定義から丁寧に

解説してある．概ね高校数学で曖昧にしてきた部分を正確に説明することを心掛けて書いた．級数や整級数については複素関数論で再び学ぶことを期待して軽く触れる程度にとどめている．関数の増減や凹凸，曲線の長さなど高校数学でお馴染みのいくつかの話題と大学数学の微分積分学で特に難解な一様連続・一様収束の概念は省略することとした．これらは次のステップで勉強をしてもらえればと考えた．

　多変数関数の微分積分学はより計算練習に重きをおいている．ただし，微分積分学の教科書として自己完結するのではなく，線形代数学の言葉や概念も積極的に用いることにした．その方がより理解が深まるだろうと考えたからである．

　高校数学では限られた時間内に問題を解く必要から計算技術のみを習得することだけだったかもしれないが，大学数学では1つの問題に十分時間をかけて熟考して頂きたい．いくら勉強しても問題が解けない悩みを経験することもあると思われる．本書の問題には解答がつけられているが，できる限り見ずに辛抱強く問題を考え続けてほしい．これらの作業を繰り返してもなかなか効果が現れないと感じるかもしれないが，ある日を境に突然，理解できるものなので学生諸君は信じて頑張ってほしい．

　本書を著すに当たっては多くの方々の本を参考にさせて頂きました．執筆をお勧め下さった河東泰之先生には原稿を精読のうえ有益なご助言を頂きました．また，サイエンス社の田島伸彦氏，鈴木綾子氏，馬越春樹氏に大変お世話になりました．出版に当たって心から感謝の意を表する次第であります．

　2019 年 8 月

　　　　　　　　　　　　　　　　　　　　　　　　　　岡安　　類

目　　　次

第 0 章

準　　　　備

　本書を読むために必要最低限の数学的論理および集合，写像，記号等を簡単に確認する.

0.1　集　　　合

　いくつかのものをひとまとめに考えた「ものの集まり」のことを**集合**という. ただし，「どんなものをとってきても，それがその集まりの中にあるかどうかはっきりと定まっている」ものでなければならない. 集合は A, B, C や X, Y などで表すことが多い.

　集合 A の中に入っている個々の「もの」を A の**元**(げん)または**要素**という. これらは a, b, c や x, y で表す. 「もの」a が A の元であることを

$$a \in A \quad \text{または} \quad A \ni a$$

と表し，a が A に**属する**，a は A に**含まれる**，A は a を**含む**などという. その否定は

$$a \notin A \quad \text{または} \quad A \not\ni a$$

と表す.

　集合とは「範囲が定まった集まり」であるから，集合 A と「もの」a を考えたとき

$$a \in A \quad \text{または} \quad a \notin A$$

のいずれか一方だけが成立することに注意する.

　集合の表し方として

$$\{a, b, c, \ldots\}$$

などと具体的に集合の元をすべてかくこともあるが，記号「...」を用いるときはその意味が客観的に正しく推察されるようにかかなければならない．むしろ条件 $P(x)$ をみたす x の全体集合

$$\{x \mid P(x)\}$$

のように表すことの方が多い．例えば，

$$P(x)\colon 0 \le x \le 1$$

を考えれば，閉区間 $[0,1]$ を意味する．

例 **0.1.1** 以下は数学において基本的な集合である．

(1) $\mathbb{N} := \{1, 2, 3, \dots, n, \dots\}$ は自然数全体の集合

(2) $\mathbb{Z} := \{\dots, -2, -1, 0, 1, 2, \dots\}$ は整数全体の集合

(3) $\mathbb{Q} := \left\{ \frac{m}{n} \mid m \in \mathbb{Z}, n \in \mathbb{N} \right\}$ は有理数全体の集合

(4) $\mathbb{R} := \{x \mid x \text{ は実数}\}$ は実数全体の集合

(5) $\mathbb{C} := \{z \mid z = x + iy, x, y \in \mathbb{R}, i^2 = -1\}$ は複素数全体の集合

(6) $\emptyset$ は空集合

2 つの集合 A, B に対して，A のすべての元が B に含まれるとき，A は B の **部分集合**といい，

$$A \subset B \quad \text{または} \quad B \supset A$$

と表す．その否定は

$$A \not\subset B \quad \text{または} \quad B \not\supset A$$

と表す．ただし $A \subset B$ は真部分集合とは限らない．$A \subset B$ かつ $A \ne B$ のとき，$A \subsetneq B$ とかき，A は B の**真部分集合**という．

2 つの集合 A, B が**等しい**とは互いの元を含むことだから

$$A \subset B \quad \text{かつ} \quad A \supset B$$

である．このとき $A = B$ と表す．

次にいくつか基本的な集合演算を紹介する．2 つの集合 A, B に対して，

$$A \cup B := \{x \mid x \in A \text{ または } x \in B\}$$

を A と B の**和集合**

$$A \cap B := \{x \mid x \in A \text{ かつ } x \in B\}$$

を A と B の**共通部分**という．記号「$:=$」は左辺を右辺で定義するときに用いる．

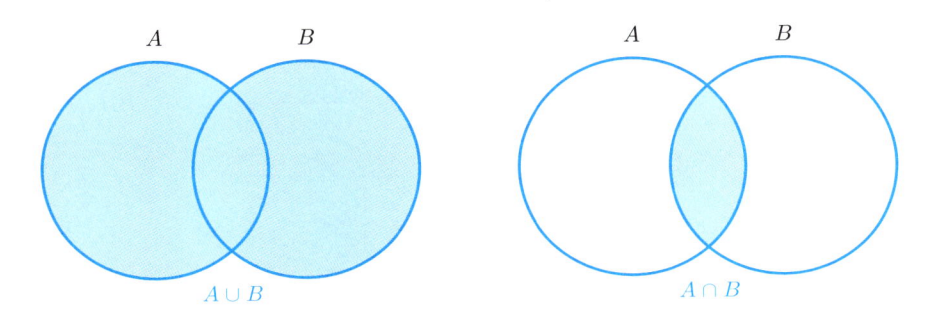

全体集合 X とその部分集合 A に対して，

$$A^c := \{x \mid x \in X \text{ かつ } x \notin A\}$$

を A の**補集合**という．

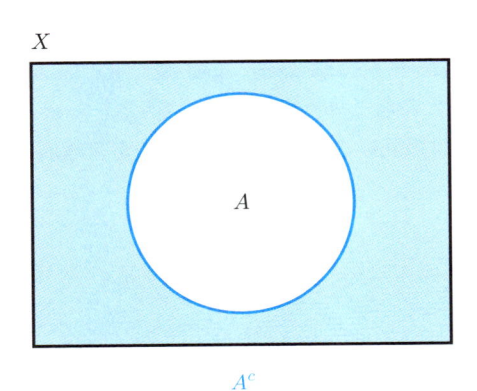

　A の元 a と B の元 b との順序付けられた組 (a, b) 全体の作る集合を A と B との**直積**という.

$$A \times B := \{(a, b) \mid a \in A,\, b \in B\}$$

特に $A^2 := A \times A$ などと表すことが多い. つまり $\mathbb{R}^2 = \mathbb{R} \times \mathbb{R}$ は「平面」の集合を表す. また 2 つの閉区間の直積 $[a, b] \times [c, d]$ は「長方形」の集合を表す.

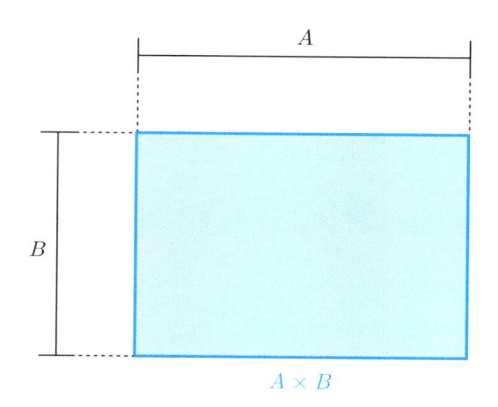

$A \times B$

0.2　数 学 的 論 理

　数学の文章を一般に**命題**という. 命題 P の**否定**を $\neg P$ で表す. P の真偽と $\neg P$ の真偽の関係は次の表の通りである. この表を**真理表**という.

P	$\neg P$
真	偽
偽	真

　2 つの命題 P, Q に対して, 命題「P または Q」を $P \vee Q$ で表し, 命題「P かつ Q」を $P \wedge Q$ で表す. また命題「P ならば Q」を $P \Rightarrow Q$ と表す.

　ただし「ならば」は注意が必要である. P が偽のときは Q の真偽に関わらず, 「P ならば Q」は真とする. このとき $P \Rightarrow Q$ と $(\neg P) \vee Q$ は真偽が一致することが真理表を使って確かめられる.

P	Q	$P \vee Q$	$P \wedge Q$	$P \Rightarrow Q$
真	真	真	真	真
真	偽	真	偽	偽
偽	真	真	偽	真
偽	偽	偽	偽	真

P	Q	$\neg P$	$(\neg P) \vee Q$	$P \Rightarrow Q$
真	真	偽	真	真
真	偽	偽	偽	偽
偽	真	真	真	真
偽	偽	真	真	真

　一般に命題「$(P \Rightarrow Q) \wedge (Q \Rightarrow P)$」を $P \Leftrightarrow Q$ と表し，P と Q は**同値**とい
う．$P \Leftrightarrow Q$ が真となるときは P と Q の真偽が一致するときで，またそのとき
に限る．例えば $P \Leftrightarrow \neg(\neg P)$ である．$\neg(\neg P)$ を単に $\neg\neg P$ と表したりもする．
対偶の法則は

$$(P \Rightarrow Q) \ \Leftrightarrow \ (\neg Q \Rightarrow \neg P)$$

であった．また

$$\neg(P \vee Q) \ \Leftrightarrow \ (\neg P) \wedge (\neg Q), \quad \neg(P \wedge Q) \ \Leftrightarrow \ (\neg P) \vee (\neg Q)$$

は**ド・モルガンの法則**と呼ばれている.

問 0.2.1　対偶の法則とド・モルガンの法則を真理表を用いて確かめよ.

　集合 X の元 x に関する条件を $P(x)$ で表すとき，

（♠）　**すべての** x は $P(x)$ をみたす.

（♡）　**ある** x が $P(x)$ をみたす.

のように書かれているものも多い. これらを

（♠）　$\forall x, \ P(x)$

（♡）　$\exists x, \ P(x)$

のように表す. $\forall$ を**全称記号**, $\exists$ を**存在記号**といい, それぞれ All（すべての），
Any（どんな），Arbtrary（任意の）の頭文字 A を，Exist（存在）の頭文字
E をひっくり返したものである.

　いま元 x の範囲を表す集合 X と条件 $P(x)$ を考えれば,

$$A := \{x \in X \mid P(x)\}$$

によって集合が定まる. ただし $X \neq \emptyset$ とする.

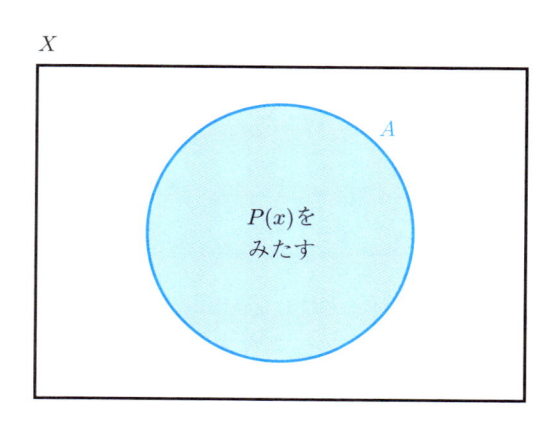

　このとき集合 A を使ってそれぞれの命題を表すと

（♠）　$\Leftrightarrow$　$A = X$

（♡）　$\Leftrightarrow$　$A \neq \emptyset$

となる. 例えば集合 X を 3 年 B 組の生徒全員の集合, 条件 $P(x)$ を「x は男である」とすればわかりやすい. このとき集合 A は「3 年 B 組の男の生徒全員」の集合になる.

（♠）　3 年 B 組の**すべて**の生徒は男である.

（♡）　3 年 B 組の**ある**生徒は男である.

次にそれぞれの否定を考えると

¬（♠）　$\Leftrightarrow$　$A \neq X$

¬（♡）　$\Leftrightarrow$　$A = \emptyset$

だから

¬（♠）　3 年 B 組の**ある**生徒は女である.

¬（♡）　3 年 B 組の**すべて**の生徒は女である.

ということがわかる.

　¬（♠）は少なくともひとり女の生徒が存在することを意味しているだけで, 他の生徒の性別についてはわからない.

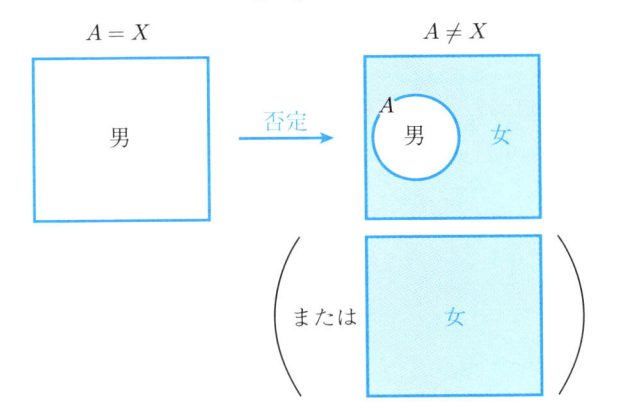

以上により次のことが確認できた.

¬(♠)　¬(∀x, P(x)) ⇔ ∃x, ¬P(x)

¬(♡)　¬(∃x, P(x)) ⇔ ∀x, ¬P(x)

よって全称記号や存在記号を含む命題の否定は,機械的に∀と∃を入れ替えて,後ろの部分を否定すればよい.

2つ以上の記号がでてくるときを考える.例えば

(♣)　∀x ∈ ℝ, ∃y ∈ ℝ, x + y = 0

(♡)　∃x ∈ ℝ, ∀y ∈ ℝ, x + y = 0

を考えよう.(♣) の命題は真である.なぜならば $x \in \mathbb{R}$ に対して,$y = -x$ とすればよいからである.しかし (♡) の命題は偽である.y に無関係な x がまず存在して,どんな y を考えても $x + y = 0$ をみたすことは成立しない.以上により∀と∃の記号の順序に注意が必要であることがわかった.(♡) の命題は偽であるからその否定は真である.このことを確認しよう.

$$\neg(\exists x \in \mathbb{R}, \forall y \in \mathbb{R}, x + y = 0)$$
$$\Leftrightarrow \forall x \in \mathbb{R}, \neg(\forall y \in \mathbb{R}, x + y = 0)$$
$$\Leftrightarrow \forall x \in \mathbb{R}, \exists y \in \mathbb{R}, \neg(x + y = 0)$$
$$\Leftrightarrow \forall x \in \mathbb{R}, \exists y \in \mathbb{R}, x + y \neq 0$$

確かに∀と∃を入れ替えて,後ろの部分を否定することによって真の命題が得られた.$x \in \mathbb{R}$ に対して $y \neq -x$ となる y を選べば $x + y \neq 0$ となる.

0.3 写 像

2 つの集合 A, B に対して，A の各元 a に B の元 $f(a)$ がただ 1 つ定められているとき，この対応の規則を**写像**といい，

$$f\colon A \to B,\, a \mapsto f(a)$$

と表す.

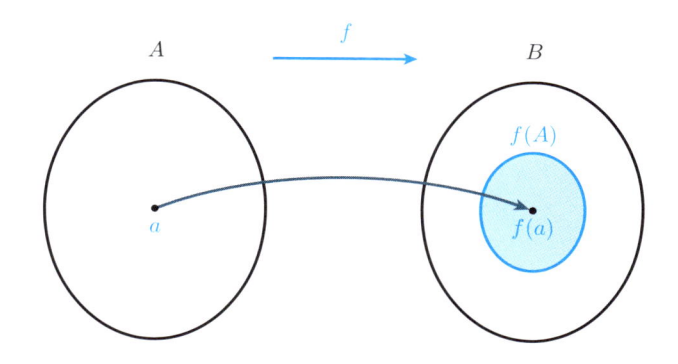

　A を f の**定義域**，B を f の**終域**という．写像 f を B が数集合のときは**関数**，$A = \mathbb{N}$ のときは**列**と呼ぶことが多い．特に $A = \mathbb{N}$ かつ $B = \mathbb{R}$ のとき

$$f\colon \mathbb{N} \to \mathbb{R},\, n \mapsto f(n)$$

は各自然数 n に実数 $f(n)$ が対応しているので，この写像 f は**実数列**であり，$(f(n))_{n=1}^{\infty}$ と表すこともある.

　写像 $f\colon A \to B$ に対して，f の**像**を

$$f(A) := \{b \in B \mid \exists a \in A,\, f(a) = b\}$$

と定義する．この $f(A)$ を**値域**と呼ぶ場合もある.

　写像 $f\colon A \to B$ に対して，

$$\forall b \in B,\, \exists a \in A,\, f(a) = b$$

のとき，**全射**という．つまり B の元 b はすべて $b = f(a)$ の形で表せることを意味するから $f(A) = B$ と同値である.

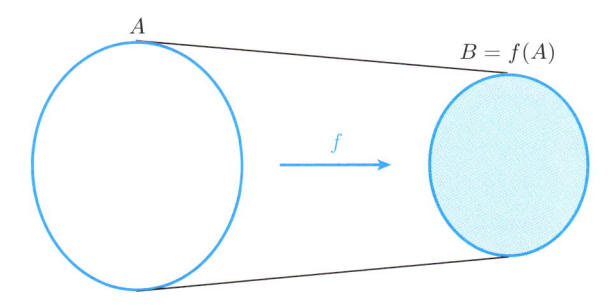

「全射」のイメージ

全射ではないことの意味を確認しよう.

$$\neg(\forall b \in B, \exists a \in A, f(a) = b) \Leftrightarrow \exists b \in B, \neg(\exists a \in A, f(a) = b)$$
$$\Leftrightarrow \exists b \in B, \forall a \in A, \neg(f(a) = b)$$
$$\Leftrightarrow \exists b \in B, \forall a \in A, f(a) \neq b$$

である. つまり写像 f が全射ではないとは B のある元 b が決して $b = f(a)$ の形で表せないことを意味するから $f(A) \subsetneqq B$ と同値である.

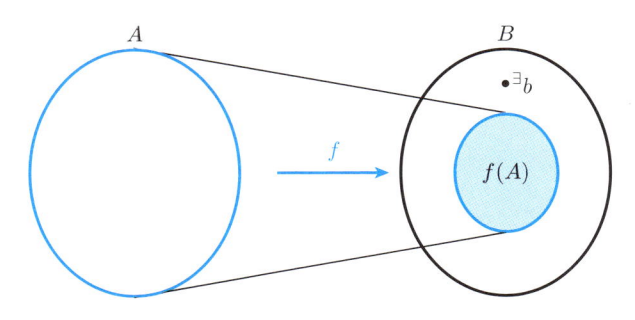

「全射でない」のイメージ

また

$$f(a) = f(a') \Rightarrow a = a'$$

のとき, **単射**という. つまり写像 f による「行き先」が同じならば A の 2 元は一致することを意味する. 対偶の法則を考えれば

$$a \neq a' \Rightarrow f(a) \neq f(a')$$

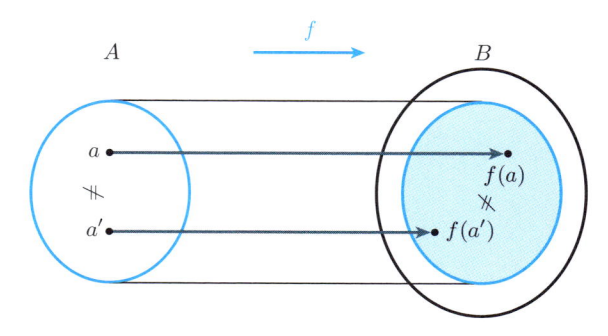

「単射」のイメージ

と同値である.

　単射ではないことの意味も確認しよう.

$$(P \Rightarrow Q) \; \Leftrightarrow \; (\neg P) \vee Q$$

であることを思い出すとド・モルガンの法則より

$$
\begin{aligned}
\neg(f(a) = f(a') \; \Rightarrow \; a = a') \; &\Leftrightarrow \; \neg[\neg(f(a) = f(a')) \vee (a = a')] \\
&\Leftrightarrow \; [\neg\neg(f(a) = f(a'))] \wedge [\neg(a = a)] \\
&\Leftrightarrow \; (f(a) = f(a')) \wedge (a \neq a')
\end{aligned}
$$

であるから，写像 f が単射でないとは A のある異なる2元が B の同じ元に対応することを意味する.

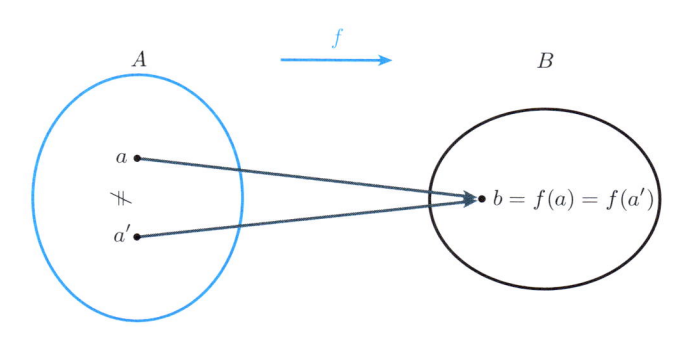

「単射でない」のイメージ

　写像 $f\colon A \to B$ が全射かつ単射のとき，**全単射**という．このとき B の各元 b に対して $f(a) = b$ となる $a \in A$ がただ 1 つ存在するので，$b \mapsto a$ と対応させる写像が定義できる．このとき $a = f^{-1}(b)$ と書き，写像 $f^{-1}\colon B \to A$ を f の**逆写像**という．

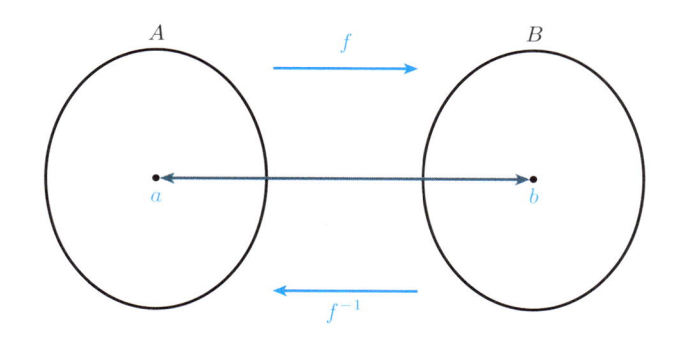

　写像が定義できるためには b に対応する a がただ 1 つ定められていなければならないので，a がただ 1 つ存在するということはとても大事である．これを確かめてみよう．

　$b \in B$ に対して，f が全射であるから

$$\exists a \in A,\ f(a) = b$$

よって $f(a) = b$ となる $a \in A$ の存在は確かめられたが，このような a は複数存在する可能性がある．そこで $a \neq a'$ かつ $f(a) = f(a') = b$ と仮定すると，f が単射であるから $a \neq a'$ ならば $f(a) \neq f(a')$ でなければならないので矛盾する．したがってこのような a はただ 1 つしか存在しないことが確かめられた．

　写像 $f\colon A \to B$ と $g\colon C \to D$ に対して，$f(A) \subset C$ ならば，写像

$$g \circ f\colon A \to C,\ a \mapsto g(f(a))$$

が定義でき，**合成写像**という．もし写像 $f\colon A \to B$ が全単射ならば，逆写像の定義から

$$f^{-1} \circ f(a) = a,\ f \circ f^{-1}(b) = b \quad (a \in A, b \in B)$$

が成り立つ．

第 1 章

数列，級数，関数

　数列，関数の極限は高校数学である程度学んできたが，直観的な考察だけにとどめ，計算方法やその応用に主眼がおかれていた．しかし高度な微分積分学を学ぶためには今まで直観的な理解ですませてきたところを掘り下げて考えなおす必要がある．

1.1　数 列 の 極 限

各自然数 $1, 2, 3, \ldots, n, \ldots$ に対して，実数

$$a_1, a_2, a_3, \ldots, a_n, \ldots$$

が対応しているとき，これを**数列**といい，$(a_n)_{n=1}^{\infty}$ または単に (a_n) で表す．

> **定義 1.1.1**（直観的な数列の極限）　数列 (a_n) に対して，自然数 n を限りなく大きくするとき，a_n がある定数 α に限りなく近づくならば，数列 (a_n) は極限値 α に収束するという．

　定義にある「限りなく大きく」や「限りなく近づく」など直観的な理解だけでは不十分である．例えば次の命題 1.1.2 を確かめることができない．

> **命題 1.1.2**　$\displaystyle \lim_{n \to \infty} a_n = \alpha \Rightarrow \lim_{n \to \infty} \frac{a_1 + \cdots + a_n}{n} = \alpha$

例 1.1.3　$a_n := \frac{1}{2^{n-1}}$ $(n \in \mathbb{N})$ のとき，命題 1.1.2 を確かめる．数列 (a_n) は初項 1，公比 $\frac{1}{2}$ の等比数列であるので，$\displaystyle \lim_{n \to \infty} a_n = 0$ であり，

$$\frac{a_1 + \cdots + a_n}{n} = \frac{1}{n}\left(1 + \frac{1}{2} + \cdots + \frac{1}{2^{n-1}}\right) = \frac{1}{n} \frac{1 - \frac{1}{2^n}}{1 - \frac{1}{2}}$$

$$= \frac{2}{n}\left(1 - \frac{1}{2^n}\right) \to 0 \quad (n \to \infty)$$ $\square$

注意 1.1.4　一般に $a, r \in \mathbb{R}$ に対して，$a_n = ar^{n-1}$ とするとき，

$$a_1 + \cdots + a_n = \begin{cases} \dfrac{a(1 - r^n)}{1 - r} & (r \neq 1) \\ an & (r = 1) \end{cases}$$

問 1.1.1　次の a_n のときに命題 1.1.2 を確かめよ.

(1)　$a_n = \dfrac{1}{r^{n-1}}$ $(|r| > 1)$　　(2)　$a_n = \dfrac{1}{n^2}$

命題 1.1.2 は正しそうだが，任意の数列 (a_n) に関する主張なのでいくつかの例で確かめただけでは証明したことにはならない. 証明するためには数列の極限の定義をより正確に述べる必要がある.

定義 1.1.5　（数学的な数列の極限）　任意の正数 ε に対して，

$$n \geq N \text{ ならば } |a_n - \alpha| < \varepsilon$$

をみたす自然数 N が存在するとき，数列 (a_n) は**極限値** α に**収束**するといい，

$$\lim_{n \to \infty} a_n = \alpha$$

で表す. 論理記号を用いれば次のように表される：

$$\forall \varepsilon > 0, \exists N \in \mathbb{N}, n \geq N \Rightarrow |a_n - \alpha| < \varepsilon$$

また数列が収束しないことを**発散**するという.

N 番目以降はこの中にすべておさまっている

はみだしているのは高々 N 個未満

定義のイメージは，「α を中心とした幅 ε の囲いを考えると N 番目以降の数列 a_n たちはすべて囲いの中に密集している」という事実が正数 ε をいくら小さくしても，それに合わせて自然数 N を選べるということである．

注意 1.1.6　日本語による定義と論理記号を用いた定義ではでてくる記号の順序が異なる．それは日本語と英語の違いに依るもので，英語で定義を書けば，次のようになる：

For any positive number ε, there exists a natural number N such that $n \geq N$ implies $|a_n - \alpha| < \varepsilon$.

注意 1.1.7（三角不等式）　実数の絶対値に関する三角不等式を思い出しておく．

$$\bigl||a| - |b|\bigr| \leq |a \pm b| \leq |a| + |b| \quad (a, b \in \mathbb{R})$$

例題 1.1.8

$\displaystyle\lim_{n\to\infty} a_n = 1$ のとき，$\displaystyle\lim_{n\to\infty} 3a_n^2 = 3$ であることを証明せよ．

【解答】　$\varepsilon > 0$ とする．次に $\delta \leq \frac{\varepsilon}{9}$ かつ $\delta \leq 1$ となる $\delta > 0$ をとる．$\displaystyle\lim_{n\to\infty} a_n = 1$ より

$$\exists N \in \mathbb{N},\ n \geq N \ \Rightarrow\ |a_n - 1| < \delta$$

特に注意 1.1.7（三角不等式）から

$$|a_n| - 1 \leq |a_n - 1| < \delta$$

よって δ の取り方より

$$|a_n| < \delta + 1 \leq 2$$

したがって $n \geq N$ のとき，三角不等式を用いれば

$$|3a_n^2 - 3| = 3|a_n + 1|\,|a_n - 1| \leq 3(|a_n| + 1)|a_n - 1|$$
$$< 9|a_n - 1| \leq 9 \cdot \delta \leq \varepsilon \qquad \square$$

問 1.1.2　$\displaystyle\lim_{n\to\infty} a_n = 2$ のとき次を証明せよ．

(1)　$\displaystyle\lim_{n\to\infty} (a_n^3 - a_n) = 6$

(2)　$\displaystyle\lim_{n\to\infty} \frac{1}{a_n} = \frac{1}{2}$

高校数学において次は数列の極限を求める上で最も基本であった.

命題 1.1.9 （**数列の極限と四則演算**） 数列 (a_n) と (b_n) は収束し, $\lim_{n \to \infty} a_n = \alpha$ かつ $\lim_{n \to \infty} b_n = \beta$ とする.

(1) $\lim_{n \to \infty} a_n + b_n = \alpha + \beta$

(2) $\lim_{n \to \infty} c a_n = c \alpha$ （ただし, $c \in \mathbb{R}$）

(3) $\lim_{n \to \infty} a_n b_n = \alpha \beta$

(4) $\lim_{n \to \infty} \dfrac{a_n}{b_n} = \dfrac{\alpha}{\beta}$ （ただし, $\beta \neq 0$）

命題 1.1.10 （**はさみうちの原理**） 数列 (a_n), (b_n), (c_n) に対して

$$a_n \leq c_n \leq b_n \quad (n \in \mathbb{N})$$

かつ (a_n), (b_n) は収束し

$$\lim_{n \to \infty} a_n = \lim_{n \to \infty} b_n = \alpha$$

とする. このとき (c_n) も収束し,

$$\lim_{n \to \infty} c_n = \alpha$$

注意 1.1.11 （**2 項定理**） $n \in \mathbb{N}$ と $a, b \in \mathbb{R}$ に対して $(a+b)^n$ は次のように展開されたことを確認しておこう.

$$(a+b)^n = \sum_{k=0}^{n} \binom{n}{k} a^{n-k} b^k$$

ただし,

$$\binom{n}{k} := \frac{n(n-1) \cdots (n-k+1)}{k!}$$

とする. いわゆる 2 項係数 $_n\mathrm{C}_k$ という記号はあまり使われない.

例題 1.1.12

極限値 $\displaystyle\lim_{n\to\infty}\dfrac{n^2}{2^n}$ を求めよ.

【解答】　$n \geq 3$ のとき，注意 1.1.11（2 項定理）より

$$2^n = (1+1)^n = \sum_{k=0}^{n} \binom{n}{k} > \binom{n}{3} = \frac{n(n-1)(n-2)}{3!}$$

したがって

$$0 < \frac{n^2}{2^n} < \frac{6n^2}{n(n-1)(n-2)} = \frac{6}{n\left(1-\frac{1}{n}\right)\left(1-\frac{2}{n}\right)} \to 0 \quad (n \to \infty)$$

だから，命題 1.1.10（はさみうちの原理）より

$$\lim_{n\to\infty}\frac{n^2}{2^n} = 0 \qquad\qquad \square$$

注意 1.1.13　上の証明において $n \geq 3$ でのみはさみこんだが，極限を求めるのは十分大きな n での振る舞いを見れば十分である.

問 1.1.3　次の極限値を求めよ.

(1) $\displaystyle\lim_{n\to\infty}\dfrac{n^d}{c^n}$ $(d \in \mathbb{N}, c > 1)$ 　　(2) $\displaystyle\lim_{n\to\infty}\dfrac{c^n}{n!}$ $(c > 0)$ 　　(3) $\displaystyle\lim_{n\to\infty}\dfrac{n!}{n^n}$

1.2 実数の完備性

　高校数学では数の範囲を自然数からはじめ，整数，有理数，実数と広げてきた. 自然数では加法および乗法を自由に行うことができる. つまり

$$m, n \in \mathbb{N} \;\Rightarrow\; m + n \in \mathbb{N}, m \times n \in \mathbb{N}$$

が成り立つ. しかし減法および除法は自然数の範囲では狭すぎるので整数，そして有理数へと数の範囲を広げ，四則演算が自由にできるようになった. しかし有理数だけでは表すことのできない量が現れる. 例えば 1 辺の長さが 1 の正方形の対角線の長さ x は三平方の定理より

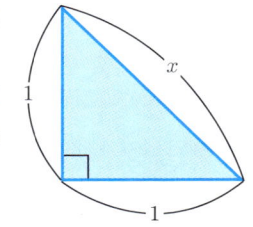

$$x^2 = 1^2 + 1^2 = 2$$

をみたす.

このxは背理法により有理数では表すことができないことも高校数学で学んだ. そこで有理数で表すことのできない数を無理数と呼び, 有理数と無理数を合わせて実数と定義した.

しかし無理数を有理数の否定で定義しているということは全体の実数が明確にわかっていなければ定まらない概念であるのにも関わらず, 有理数と無理数を合わせて実数を定義しているためにこれでは意味をなさない. 高校数学では実数直線を持ち出して実数をはじめに定義したことにしている. そこでまず実数の構成からはじめなければならないが, 本書の目的ではないので省略することにする. ここでは実数もまた四則演算が自由に行える（順序関係ももつ）集合であることは認めた上で有理数との違いは何かを説明したい. そのために言葉を準備する.

定義 1.2.1 （**数列の単調性**）　すべての$n \in \mathbb{N}$に対して$a_n \leq a_{n+1}$をみたすとき, 数列(a_n)は**単調増加**であるという:

$$\forall n \in \mathbb{N}, a_n \leq a_{n+1}$$

同様にすべての$n \in \mathbb{N}$に対して$a_n \geq a_{n+1}$をみたすとき, 数列(a_n)は**単調減少**であるという:

$$\forall n \in \mathbb{N}, a_n \geq a_{n+1}$$

定義 1.2.2 （**数列の有界性**）　すべての$n \in \mathbb{N}$に対して$a_n \leq M$をみたす$M \in \mathbb{R}$が存在するとき, 数列(a_n)は**上に有界**であるという:

$$\exists M \in \mathbb{R}, \forall n \in \mathbb{N}, a_n \leq M$$

同様にすべての$n \in \mathbb{N}$に対して$a_n \geq M$をみたす$M \in \mathbb{R}$が存在するとき, 数列(a_n)は**下に有界**であるという:

$$\exists M \in \mathbb{R}, \forall n \in \mathbb{N}, a_n \geq M$$

特に上にも下にも有界のとき, 単に**有界**という:

$$\exists M > 0, \forall n \in \mathbb{N}, |a_n| \leq M$$

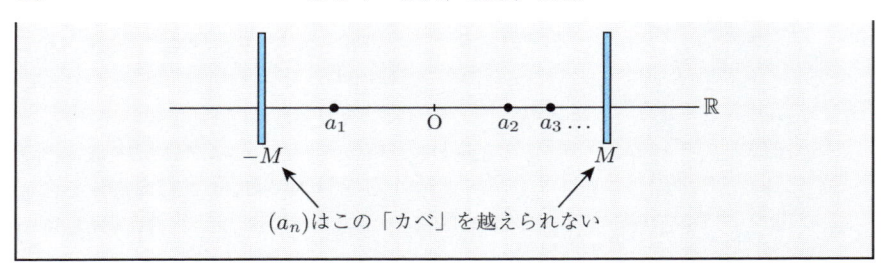

(a_n)はこの「カベ」を越えられない

　有界の定義のイメージは「原点 O を中心とした大きな幅 M の囲いを考えれば，数列 a_n たちは全部その中に入っている」ということである．

命題 1.2.3　（**収束列の有界性**）　収束する数列は有界である．

注意 1.2.4　有界だからといって収束するとは限らない．例えば，$a_n = (-1)^{n-1}$ $(n \in \mathbb{N})$ は有界だが収束しない．

注意 1.2.5　「上に有界である」の否定は次のようになる：

$$\neg(\exists M > 0, \forall n \in \mathbb{N}, a_n \leq M) \iff \forall M > 0, \exists n \in \mathbb{N}, a_n > M$$

これは $\lim_{n \to \infty} a_n = \infty$ を意味しないことに注意する．数列 (a_n) が**正の無限大に発散**するとは

$$\forall M > 0, \exists N \in \mathbb{N}, n \geq N \Rightarrow a_n > M$$

と定義する．このとき $\lim_{n \to \infty} a_n = \infty$ と表す．例えば

$$a_n := \begin{cases} n & (n = 2k) \\ 0 & (n = 2k - 1) \end{cases}$$

を考えると上に有界ではないが正の無限大に発散はしない（もちろん発散はしている）．

　次が有理数にはない実数のもつ性質である．

公理 1.2.6　（**実数の完備性**）　実数集合 $\mathbb{R}$ は**完備**である．すなわち，上に有界かつ単調増加な実数列は実数に収束する（または下に有界かつ単調減少な実数列は実数に収束する）．

注意 1.2.7 公理とは誰もが無条件で認めてもよいと思われる議論の前提であり，数学では理論の出発点となるもので，それから証明される命題は定理と呼ばれる．しかし必ずしも自明な事実とは限らない公理もある．スポーツで言えば，試合を行うためのルールのようなものである．

数列

$$a_1 = 1.4, \quad a_2 = 1.41, \quad a_3 = 1.414, \quad a_4 = 1.4142, \quad \ldots$$

を考える．一般に

$$a_n := \max\left\{ x = \frac{k}{10^n} \;\middle|\; k \in \mathbb{Z}, \, x^2 \leq 2 \right\}$$

で与えられる．この極限値は $\sqrt{2}$ であることを知っているが，その極限の存在をどのように確かめたらよいか．極限の存在は実数集合 $\mathbb{R}$ の世界で成り立つ事実であって，有理数集合 $\mathbb{Q}$ の世界では成り立たない．実際，

$$a_n = \frac{k_n}{10^n} \quad (k_n \in \mathbb{Z})$$

とすると，定義より

$$a_n = \frac{10 k_n}{10^{n+1}} \leq \frac{k_{n+1}}{10^{n+1}} = a_{n+1}$$

だから (a_n) は単調増加である．もし (a_n) が上に有界でなければ (a_n^2) も上に有界でないことになり，a_n の定義に矛盾する．よって (a_n) は上に有界である．したがって公理 1.2.6（実数の完備性）より (a_n) は収束する．そこで

$$\alpha := \lim_{n \to \infty} a_n \in \mathbb{R}$$

とおくと命題 1.1.9（数列の極限と四則演算）より

$$\alpha^2 = \lim_{n \to \infty} a_n^2 \leq 2$$

一方，$b_n := a_n + 10^{-n}$ とおくと再び命題 1.1.9（数列の極限と四則演算）より

$$\alpha = \lim_{n \to \infty} b_n$$

また a_n の定義より $2 < b_n^2$ だから $2 \leq \alpha^2 = \lim_{n \to \infty} b_n^2$ となる．

以上により $\alpha^2 = 2$ がわかる．さらに高校数学で学んだ背理法を用いて $\alpha \notin \mathbb{Q}$ が証明できた．$\alpha > 0$ だから，この実数 α を $\sqrt{2}$ と表した．

　単調増加な有理数列 (a_n) は有理数に収束するとは限らないことがわかった．つまり有理数集合 $\mathbb{Q}$ は完備ではない．これが $\mathbb{Q}$ と $\mathbb{R}$ の大きな違いである．

注意 1.2.8（相加・相乗平均）　高校数学で学んだ不等式について確認しておこう．$a, b \geq 0$ に対して，

$$\frac{a+b}{2} \geq \sqrt{ab}$$

例題 1.2.9

　数列 (a_n) を漸化式

$$a_1 = 2, \quad a_{n+1} = \frac{1}{2}\left(a_n + \frac{2}{a_n}\right) \quad (n \geq 1)$$

で定める．極限値 $\displaystyle\lim_{n\to\infty} a_n$ を求めよ．

【解答】　極限値 $\displaystyle\lim_{n\to\infty} a_n$ の存在がわかれば，その極限値を $\alpha \in \mathbb{R}$ とおき，漸化式において $n \to \infty$ とすれば

$$\alpha = \frac{1}{2}\left(\alpha + \frac{2}{\alpha}\right)$$

を得る．これを整理すると

$$\alpha^2 - 2 = 0$$

漸化式より $\alpha \geq 0$ だから $\alpha = \sqrt{2}$ がわかる．

　そこで数列 (a_n) が収束することを証明しよう．漸化式から $a_n \geq 0$ より下に有界なことがわかるが，注意 1.2.8（相加・相乗平均）を用いると

$$a_{n+1} = \frac{1}{2}\left(a_n + \frac{2}{a_n}\right) \geq \sqrt{a_n \cdot \frac{2}{a_n}} = \sqrt{2}$$

よって

$$a_n \geq \sqrt{2}$$

がわかる．これより

$$a_n - a_{n+1} = a_n - \frac{1}{2}\left(a_n + \frac{2}{a_n}\right) = \frac{a_n^2 - 2}{2a_n} \geq 0$$

だから単調減少である．公理 1.2.6（実数の完備性）により数列 (a_n) は収束する．□

注意 1.2.10 漸化式より

$$\begin{cases} y = \dfrac{1}{2}\left(x + \dfrac{2}{x}\right) \\ y = x \end{cases}$$

のグラフを利用すると数列 (a_n) の挙動がわかる．これより単調性や有界性などの見当をつけると証明しやすい．

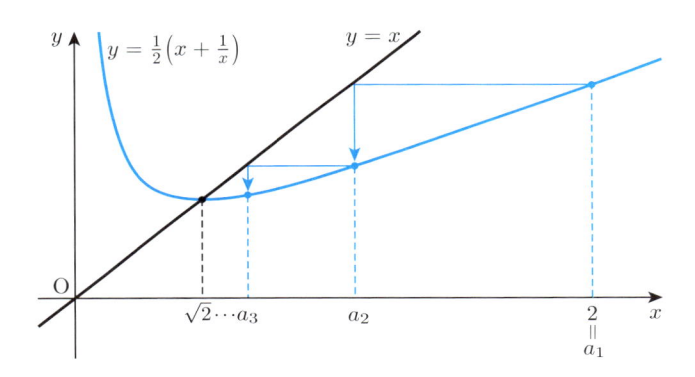

問 1.2.1 $a_1 = 1$, $a_{n+1} = \sqrt{1 + a_n}$ $(n \geq 1)$ のとき極限値 $\displaystyle \lim_{n \to \infty} a_n$ を求めよ．この極限値は**黄金比**と呼ばれている．

> **定義 1.2.11** （ネイピア数） 実数 e を
> $$e := \lim_{n \to \infty}\left(1 + \frac{1}{n}\right)^n$$
> と定義し，**ネイピア数**という．

高校数学ではこの極限が確かに存在することは証明しなかったが，数列の極限や実数の公理を明確にしたので証明してみよう．

$$a_n := \left(1 + \frac{1}{n}\right)^n$$

とおく．注意 1.1.11 （2 項定理）より

$$a_n = \sum_{k=0}^{n} \binom{n}{k} \frac{1}{n^k} = \sum_{k=0}^{n} \frac{1}{k!} \frac{n(n-1)\cdots(n-k+1)}{n^k}$$

$$= \sum_{k=0}^{n} \frac{1}{k!}\left(1 - \frac{1}{n}\right)\cdots\left(1 - \frac{k-1}{n}\right)$$

$$< \sum_{k=0}^{n} \frac{1}{k!}\left(1 - \frac{1}{n+1}\right)\cdots\left(1 - \frac{k-1}{n+1}\right) < a_{n+1}$$

したがって (a_n) は単調増加．また

$$a_n < \sum_{k=0}^{n} \frac{1}{k!} < 1 + \sum_{k=1}^{n} \frac{1}{2^{k-1}} < 3$$

より (a_n) は上に有界．公理 1.2.6（実数の完備性）より数列 (a_n) は収束する．

注意 1.2.12　上の証明より少なくとも $2 < e \leq 3$ がわかるが，e が無理数であることも後で証明する（注意 1.4.18）．

問 1.2.2　次の極限値を求めよ．

(1) $\displaystyle\lim_{n \to \infty} \sqrt[n]{c}$ $(c > 0)$ (2) $\displaystyle\lim_{n \to \infty} \sqrt[n]{n}$

1.3 上限と下限

> **定義 1.3.1**（**数集合の有界性**）　部分集合 $A \subset \mathbb{R}$ が
>
> $$\exists M \in \mathbb{R}, \forall a \in A, a \leq M$$
>
> をみたすとき，A は**上に有界**という．このような M を A の**上界**という．
> また
>
> $$\exists M \in \mathbb{R}, \forall a \in A, a \geq M$$
>
> をみたすとき，A は**下に有界**という．このような M を A の**下界**という．
> 特に上にも下にも有界のとき，単に**有界**という：
>
> $$\exists M > 0, \forall a \in A, |a| \leq M$$

注意 1.3.2　数列 (a_n) が有界であることと数列がつくる集合

$$\{a_1, a_2, \ldots, a_n, \ldots\}$$

が有界であることは同値である．

> **定義 1.3.3** （最大値・最小値） 部分集合 $A \subset \mathbb{R}$ に対して,
>
> $$\forall a \in A, \, a \leq \alpha$$
>
> をみたす $\alpha \in A$ が存在するとき, α を A の**最大値**といい, $\alpha = \max A$ とかく. 同様に
>
> $$\forall a \in A, \, a \geq \alpha$$
>
> をみたす $\alpha \in A$ が存在するとき, α を A の**最小値**といい, $\alpha = \min A$ とかく.

　上に有界な集合 $A \subset \mathbb{R}$ とその 1 つの上界 M に対して, $M < M'$ となるすべての M' もまた A の上界である. そこでできるだけ小さい上界に興味がでてくる. もし A の中に最大値が存在すれば, それが A の最も小さな上界である. 下界についても同様である. 例えば,

$$A = \left\{ 1, \frac{1}{2}, \frac{1}{3}, \cdots, \frac{1}{n}, \cdots \right\}$$

を考えると 1 は A の最大値であり, A の上界でもある. しかし 0 は A の下界であるが, A の最小値は存在しない. このように必ずしも最大値・最小値が存在するとは限らない. そこで下界のほうに目を向けると 0 は A の下界の最大値になっていることがわかる.

> **公理 1.3.4** （上限・下限の存在） 上に有界な集合 $A \subset \mathbb{R}$ の上界には必ず最小値が存在する. また下に有界な集合 $A \subset \mathbb{R}$ の下界には必ず最大値が存在する.

　これも実数の性質を表すもので, 公理 1.2.6（実数の完備性）と同値である. これより次を定義する.

> **定義 1.3.5** （上限・下限） 上に有界な集合 $A \subset \mathbb{R}$ の上界の最小値を A の**上限**といい, $\sup A$ で表す. また下に有界な集合 $A \subset \mathbb{R}$ の下界の最大値を A の**下限**といい, $\inf A$ で表す.

　上限の定義が「上界の最小値」のままでは扱いにくいので，論理式で記述しておこう．上に有界な集合 $A \subset \mathbb{R}$ の上限 $\alpha = \sup A$ とは

> (1)　α は A の上界である．
>
> (2)　α より小さい実数は A の上界ではない．

であるから，次のように書き表すことができる．

定義 1.3.6（上限・下限）　$\alpha \in \mathbb{R}$ とする．上に有界な集合 $A \subset \mathbb{R}$ に対して，$\alpha = \sup A$ となる条件は

(1)　$\forall a \in A,\, a \leq \alpha$

(2)　$\forall \varepsilon > 0,\, \exists a \in A,\, \alpha - \varepsilon < a$

である．同様に下に有界な集合 $A \subset \mathbb{R}$ に対して，$\alpha = \inf A$ となる条件は

(1)　$\forall a \in A,\, \alpha \leq a$

(2)　$\forall \varepsilon > 0,\, \exists a \in A,\, a < \alpha + \varepsilon$

である．

　最後に自然数 $\mathbb{N}$ や有理数 $\mathbb{Q}$ の重要な性質を注意として挙げておく．

注意 1.3.7（アルキメデスの原理）　$a > 0$ に対して

$$\lim_{n \to \infty} \frac{a}{n} = 0$$

という自明と思われる事実も実は公理 1.2.6（実数の完備性）($\Leftrightarrow$ 公理 1.3.4（上限・下限の存在)）から証明される．

注意 1.3.8（有理数の稠密性）　有理数集合 $\mathbb{Q}$ は実数集合 $\mathbb{R}$ の部分集合であるが，次の重要な性質をもっている：$\forall a \in \mathbb{R},\, \forall \varepsilon > 0,\, \exists b \in \mathbb{Q},\, |a - b| < \varepsilon$
つまりどんな実数 a に対しても有理数 b をいくらでも近くにとってくることができる．この性質を有理数の**稠密性**という．

問 1.3.1　次の集合の上限・下限を求めよ．

(1)　$\left\{ \dfrac{(-1)^{n+1}}{n} \;\middle|\; n \in \mathbb{N} \right\}$ 　　(2)　$\left\{ (-1)^{n+1}\left(1 - \dfrac{1}{n}\right) \;\middle|\; n \in \mathbb{N} \right\}$

(3)　$\left\{ \dfrac{1}{m} + \dfrac{1}{n} \;\middle|\; m, n \in \mathbb{N} \right\}$

1.4 級　　数

数列 (a_n) に対して，形式的に

$$a_1 + a_2 + \cdots + a_n + \cdots = \sum_{n=1}^{\infty} a_n$$

と表し，**級数**という．この無限和の数学的な意味を次のように定義する．

定義 1.4.1 （**級数**）　数列 (a_n) に対して

$$S_n := \sum_{k=1}^{n} a_k = a_1 + \cdots + a_n$$

を**第 n 部分和**という．部分和数列 (S_n) が実数 S に収束するとき，級数 $\displaystyle\sum_{n=1}^{\infty} a_n$ は**和 S に収束する**といい，この極限値も $\displaystyle\sum_{n=1}^{\infty} a_n$ で表す．また部分和数列 (S_n) が発散するとき，級数 $\displaystyle\sum_{n=1}^{\infty} a_n$ は**発散**するという．

命題 1.4.2　級数 $\displaystyle\sum_{n=1}^{\infty} a_n$ が収束すれば $\displaystyle\lim_{n\to\infty} a_n = 0$ である．

注意 1.4.3　この命題の逆は成立しない．例えば $a_n = \frac{1}{n}$ とすれば

$$S_{2^2} = 1 + \frac{1}{2} + \frac{1}{3} + \frac{1}{4} > 1 + \frac{1}{2} + \left(\frac{1}{4} + \frac{1}{4}\right) = 1 + \frac{1}{2} + \frac{1}{2}$$

$$S_{2^3} = 1 + \frac{1}{2} + \frac{1}{3} + \frac{1}{4} + \frac{1}{5} + \frac{1}{6} + \frac{1}{7} + \frac{1}{8}$$

$$> 1 + \frac{1}{2} + \left(\frac{1}{4} + \frac{1}{4}\right) + \left(\frac{1}{8} + \frac{1}{8} + \frac{1}{8} + \frac{1}{8}\right)$$

$$= 1 + \frac{1}{2} + \frac{1}{2} + \frac{1}{2}$$

$$\vdots$$

$$S_{2^k} = \sum_{n=1}^{2^k} \frac{1}{n} > 1 + \frac{k}{2}$$

より $S_{2^k} \to \infty \ (k \to \infty)$ だから部分和数列 (S_n) は収束しない.

定義 1.4.4（正項級数）　すべての $n \in \mathbb{N}$ に対して，$a_n \geq 0$ のとき，級数 $\displaystyle\sum_{n=1}^{\infty} a_n$ を**正項級数**という.

命題 1.4.5（正項級数の収束性）　正項級数 $\displaystyle\sum_{n=1}^{\infty} a_n$ の部分和数列 (S_n) は単調増加より，正項級数 $\displaystyle\sum_{n=1}^{\infty} a_n$ が収束するための必要十分条件は (S_n) が有界であることである.

これより，正項級数のときに限り $\displaystyle\sum_{n=1}^{\infty} a_n < \infty$ で収束を表したりもする. また正項級数が発散するのは $\displaystyle\lim_{n \to \infty} S_n = \infty$ のときに限るので，発散することを $\displaystyle\sum_{n=1}^{\infty} a_n = \infty$ と表したりもする.

正項級数の収束性を調べるときに優級数定理は最も基本となる.

定理 1.4.6（優級数定理）　すべての $n \in \mathbb{N}$ に対して，$0 \leq a_n \leq b_n$ かつ $\displaystyle\sum_{n=1}^{\infty} b_n < \infty$ ならば

$$\sum_{n=1}^{\infty} a_n < \infty$$

である. このとき $\displaystyle\sum_{n=1}^{\infty} a_n \leq \sum_{n=1}^{\infty} b_n$ である.

注意 1.4.7 定理 1.4.6（優級数定理）は条件を少し弱めて

$$\exists N \in \mathbb{N}, \forall n \geq N, 0 \leq a_n \leq b_n$$

でも成立するが，$\displaystyle\sum_{n=1}^{\infty} a_n \leq \sum_{n=1}^{\infty} b_n$ とは限らないことに注意する．

例題 1.4.8

$c \geq 0$ のとき $\displaystyle\sum_{n=0}^{\infty} \frac{c^n}{n!} < \infty$ を証明せよ．

【解答】 $N + 1 > c$ となる $N \in \mathbb{N}$ をとる．$n > N$ のとき

$$\frac{c^n}{n!} = \frac{c^N}{N!} \frac{c^{n-N}}{(N+1)\cdots(n-1)\cdot n} \leq \frac{c^N}{N!} \left(\frac{c}{N+1}\right)^{n-N}$$

かつ

$$\sum_{n=N}^{\infty} \frac{c^N}{N!} \left(\frac{c}{N+1}\right)^{n-N}$$
$$= \frac{c^N}{N!} \left(\frac{c}{N+1}\right)^{-N} \left\{1 + \frac{c}{N+1} + \left(\frac{c}{N+1}\right)^2 + \cdots\right\} < \infty$$

だから定理 1.4.6（優級数定理）より $\displaystyle\sum_{n=0}^{\infty} \frac{c^n}{n!} < \infty$ $\qquad\square$

問 1.4.1 次の正項級数の収束・発散を判定せよ．

(1) $\displaystyle\sum_{n=1}^{\infty} \frac{1}{n^2}$
(2) $\displaystyle\sum_{n=1}^{\infty} \frac{1}{\sqrt{n}}$

(3) $\displaystyle\sum_{n=1}^{\infty} \frac{1}{n^2 - n + 1}$
(4) $\displaystyle\sum_{n=1}^{\infty} \frac{1}{\sqrt{n^2 - 1}}$

正項級数の収束性を判断するのに次は便利である.

定理 1.4.9 （ダランベールの判定法）　正項級数 $\displaystyle\sum_{n=1}^{\infty} a_n$ において

$$\lim_{n \to \infty} \frac{a_{n+1}}{a_n} = \rho \quad (\infty \text{ も含む})$$

が存在するならば，$\rho < 1$ のとき収束し，$\rho > 1$ のとき発散する.

定理 1.4.10 （コーシーの判定法）　正項級数 $\displaystyle\sum_{n=1}^{\infty} a_n$ において

$$\lim_{n \to \infty} \sqrt[n]{a_n} = \rho \quad (\infty \text{ も含む})$$

が存在するならば，$\rho < 1$ のとき収束し，$\rho > 1$ のとき発散する.

注意 1.4.11　$\rho = 1$ のときはこれらの判定法は使えない. 例えば $\displaystyle\sum_{n=1}^{\infty} \frac{1}{n} = \infty$（注意 1.4.3）かつ $\displaystyle\sum_{n=1}^{\infty} \frac{1}{n^2} < \infty$（問 1.4.1 (1)）であるが共に $\rho = 1$ となる.

問 1.4.2　次の正項級数の収束・発散を判定せよ.

(1) $\displaystyle\sum_{n=1}^{\infty} n^k c^n \quad (c > 0, \, k \in \mathbb{N})$　　(2) $\displaystyle\sum_{n=1}^{\infty} n! \, c^n \quad (c > 0)$　　(3) $\displaystyle\sum_{n=1}^{\infty} \frac{n!}{n^n}$

定義 1.4.12 （交項級数）　数列 (a_n) が交互に正負が入れ替わるとき，すなわち，すべての $n \in \mathbb{N}$ に対して $a_n a_{n+1} < 0$ のとき，級数 $\displaystyle\sum_{n=1}^{\infty} a_n$ を交項級数という.

定理 1.4.13（ライプニッツの交項級数）　単調減少数列 (a_n) が $\lim_{n \to \infty} a_n = 0$（よって $a_n \geq 0$）をみたすとき，交項級数

$$\sum_{n=1}^{\infty} (-1)^{n-1} a_n$$

は収束する.

定理 1.4.14（級数の絶対収束性）　級数 $\sum_{n=1}^{\infty} a_n$ が絶対収束するとき，すなわち $\sum_{n=1}^{\infty} |a_n| < \infty$ のとき，級数 $\sum_{n=1}^{\infty} a_n$ も収束する.

例 1.4.15　級数

$$\sum_{n=1}^{\infty} \frac{(-1)^{n-1}}{n}$$

は定理 1.4.13（ライプニッツの交項級数）より収束する. さらに

$$\sum_{n=1}^{\infty} \frac{(-1)^{n-1}}{n} = \log 2$$

であることもわかる（例題 4.2.8）. しかし注意 1.4.3 よりこの級数は絶対収束しない. 　　　　　　　　　　　　　　　　　　　　　　　　　　　　□

　一般に絶対収束しないが，もとの級数が収束するとき，**条件収束**するという.

問 1.4.3　次の級数が絶対収束・条件収束・発散するか調べよ.

(1) $\displaystyle\sum_{n=1}^{\infty} \frac{\sin(nc)}{n^2}$ $(c \neq 0)$ 　(2) $\displaystyle\sum_{n=1}^{\infty} \frac{(-1)^{n-1}}{\log(n+1)}$ 　(3) $\displaystyle\sum_{n=1}^{\infty} \sin\left(\frac{n\pi}{4}\right)$

定理 1.4.16 （絶対収束級数の積）　絶対収束する級数 $\displaystyle\sum_{n=0}^{\infty} a_n,\ \sum_{n=0}^{\infty} b_n$ に対して，

$$c_n := \sum_{k=0}^{n} a_k b_{n-k} = a_0 b_n + a_1 b_{n-1} + \cdots + a_n b_0$$

とするとき，級数 $\displaystyle\sum_{n=0}^{\infty} c_n$ も絶対収束し，次が成り立つ．

$$\sum_{n=0}^{\infty} c_n = \left(\sum_{n=0}^{\infty} a_n\right)\left(\sum_{n=0}^{\infty} b_n\right)$$

定義 1.4.17 （指数関数）　実数 x に対して

$$e^x := \sum_{n=0}^{\infty} \frac{x^n}{n!}$$

を対応させる関数を**指数関数**という（右辺の級数が絶対収束することは例題 1.4.8 で既に確かめた）．

　定義にしたがって**指数法則** $e^x e^y = e^{x+y}$ が確かに成立することを確かめよう．$a_n := \frac{x^n}{n!},\ b_n := \frac{y^n}{n!}$ とおくと

$$c_n := \sum_{n=0}^{n} a_k b_{n-k} = \sum_{n=0}^{n} \frac{x^k}{k!}\frac{y^{n-k}}{(n-k)!} = \frac{1}{n!}\sum_{n=0}^{n}\binom{n}{k}x^k y^{n-k} = \frac{1}{n!}(x+y)^n$$

よって定理 1.4.16 （絶対収束級数の積）より

$$e^x e^y = \left(\sum_{n=0}^{\infty} a_n\right)\left(\sum_{n=1}^{\infty} b_n\right) = \sum_{n=0}^{\infty} c_n = e^{x+y}$$

　次に定義 1.2.11 （ネイピア数）で定義した e とここで定義した e^1 が一致することを確かめよう．すなわち，

$$\sum_{n=0}^{\infty} \frac{1}{n!} = \lim_{n\to\infty}\left(1+\frac{1}{n}\right)^n$$

まず

$$a_n := \left(1 + \frac{1}{n}\right)^n, \quad S_n := \sum_{k=0}^{n} \frac{1}{k!}$$

とおくと

$$a_n = \sum_{k=0}^{n} \frac{1}{k!}\left(1 - \frac{1}{n}\right)\cdots\left(1 - \frac{k-1}{n}\right) \leq S_n$$

がわかる．よって

$$\lim_{n\to\infty} a_n \leq \lim_{n\to\infty} S_n$$

また任意の $m \in \mathbb{N}$ に対して，$n > m$ のとき

$$a_n = \sum_{k=0}^{n} \frac{1}{k!}\left(1 - \frac{1}{n}\right)\cdots\left(1 - \frac{k-1}{n}\right) > \sum_{k=0}^{m} \frac{1}{k!}\left(1 - \frac{1}{n}\right)\cdots\left(1 - \frac{k-1}{n}\right)$$

より $n \to \infty$ とすると

$$\lim_{n\to\infty} a_n \geq \sum_{k=1}^{m} \frac{1}{k!} = S_m$$

次に $m \to \infty$ とすると

$$\lim_{n\to\infty} a_n \geq \lim_{m\to\infty} S_m$$

注意 1.4.18　ここでネイピア数 e が無理数であることも証明しておこう．もし $e = \frac{n}{m}$ $(m, n \in \mathbb{N})$ と仮定すると

$$\frac{n}{m} = e = \sum_{k=0}^{\infty} \frac{1}{k!}$$

より

$$\mathbb{N} \ni m!\,e - m!\sum_{k=0}^{m} \frac{1}{k!} = \sum_{k=m+1}^{\infty} \frac{m!}{k!} = \sum_{l=1}^{\infty} \frac{1}{(m+1)\cdots(m+l)}$$

$$< \sum_{l=1}^{\infty} \frac{1}{(m+1)^l} = \frac{1}{m} \leq 1$$

は矛盾する．

注意 1.4.19 複素数 $z \in \mathbb{C}$ に対しても

$$e^z := \sum_{n=0}^{\infty} \frac{z^n}{n!}$$

と定義でき，

$$e^{ix} = \cos x + i \sin x \quad (x \in \mathbb{R})$$

が成立する（**オイラーの公式**）．

また指数法則も同様に成り立つので $e^{i(x+y)} = e^{ix}e^{iy}$ より

$$e^{ix}e^{iy} = (\cos x + i \sin x)(\cos y + i \sin y)$$
$$= (\cos x \cos y - \sin x \sin y) + i(\sin x \cos y + \cos x \sin y)$$

を得る．オイラーの公式より

$$e^{i(x+y)} = \cos(x + y) + i \sin(x + y)$$

であるから実部・虚部を比べることによって，三角関数の加法定理が得られる．高校数学で覚えるのに苦労したかもしれないが，オイラーの公式と指数法則が分かっていれば簡単に自分で導き出すことができる．

定義 1.4.20（**双曲線関数**） 次の関数は**双曲線関数**と呼ばれる．

$$\cosh x := \frac{e^x + e^{-x}}{2}, \quad \sinh x := \frac{e^x - e^{-x}}{2}, \quad \tanh x := \frac{\sinh x}{\cosh x}$$

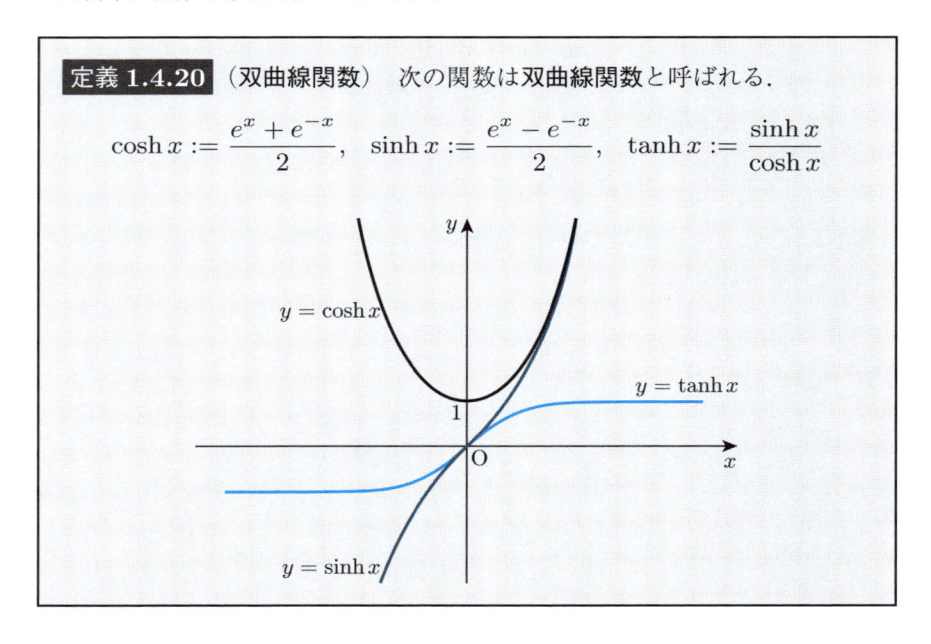

─── 例題 **1.4.21** ───

次の等式を証明せよ.

$$\cosh^2 x - \sinh^2 x = 1$$

【解答】 $\cosh^2 x - \sinh^2 x = (\cosh x + \sinh x)(\cosh x - \sinh x)$
$$= e^x \cdot e^{-x} = 1 \qquad \square$$

例題 1.4.21 より，双曲線 $x^2 - y^2 = 1$ $(x \geq 0)$ 上の点は $(\cosh x, \sinh x)$ と表せることがわかる．三角関数が円 $x^2 + y^2 = 1$ に対する関数であったように，双曲線関数は双曲線 $x^2 - y^2 = 1$ に対する関数である．

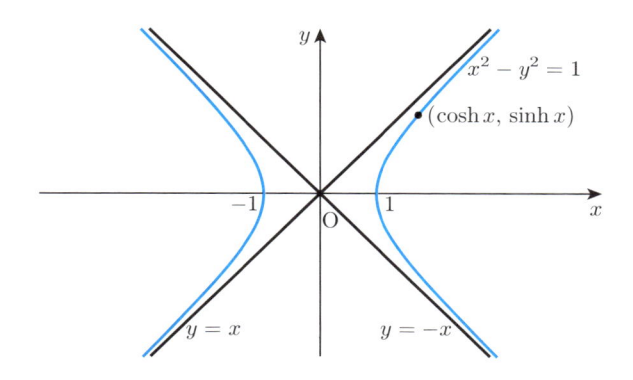

問 **1.4.4** 次の等式を証明せよ.

(1) $\cosh(x + y) = \cosh x \cosh y + \sinh x \sinh y$

(2) $\sinh(x + y) = \sinh x \cosh y + \cosh x \sinh y$

(3) $\tanh(x + y) = \dfrac{\tanh x + \tanh y}{1 + \tanh x \tanh y}$

1.5 連 続 関 数

実数の部分集合 $D \subset \mathbb{R}$ に含まれる各実数 $x \in D$ に対して，実数

$$f(x)$$

が対応しているとき，これを**実数値関数**または単に**関数**という．部分集合 D を $f(x)$ の**定義域**という．

　関数 f を $f(x)$ で表し，x を変数，$f(x)$ を x の関数という．変数 x は定義域 D に含まれる実数を表す記号であり，具体的な $a \in D$ に対して，$f(a)$ は x における関数 $f(x)$ の値を表す．変数を表す文字は x である必要はないが，一般の習慣にしたがって x を用いることが多い．

　以下，簡単のために定義域 D は特に断らなければ区間または区間から有限個の点を取り除いて得られる集合とする．

定義 1.5.1　（**直観的な関数の極限**）　関数 $f(x)$ に対して，D 内の $x\,(\neq a)$ が a に限りなく近づくとき，$f(x)$ がある定数 α に限りなく近づくならば，関数 $f(x)$ は x が a に近づくとき極限値 α に収束するという．

定義 1.5.2　（**数学的な関数の極限**）　任意の正数 ε に対して，
$$0 < |x - a| < \delta \text{ ならば } |f(x) - \alpha| < \varepsilon$$
をみたす正数 δ が存在するとき，$x \to a$ のとき $f(x)$ は**極限値 α に収束する**といい，
$$\lim_{x \to a} f(x) = \alpha$$
で表す：
$$\forall \varepsilon > 0,\ \exists \delta > 0,\ 0 < |x - a| < \delta \ \Rightarrow\ |f(x) - \alpha| < \varepsilon$$

注意 1.5.3　$\displaystyle\lim_{x \to a} f(x)$ の意味は $x \neq a$ の状態で $x \to a$ としたときの極限である．$f(x)$ に実数 a を「代入」することではない．関数 $f(x)$ は a で定義されていなくても a の近くで定義されていれば，極限 $\displaystyle\lim_{x \to a} f(x)$ は考えることができる．

　他の場合の関数の極限について定義を列挙する．

定義 1.5.4　（**関数の極限**）

（1）　$\displaystyle\lim_{x \to a} f(x) = \infty$ は次で定義する：
$$\forall M > 0,\ \exists \delta > 0,\ 0 < |x - a| < \delta \ \Rightarrow\ f(x) > M$$
$\displaystyle\lim_{x \to a} f(x) = -\infty$ も同様に定義する．

(2) $\displaystyle\lim_{x\to\infty} f(x) = \alpha$ は次で定義する：

$$\forall \varepsilon > 0, \exists K > 0, x > K \ \Rightarrow \ |f(x) - \alpha| < \varepsilon$$

$\displaystyle\lim_{x\to-\infty} f(x) = \alpha$ も同様に定義する．また $\alpha = \pm\infty$ のときも同様に定義する．

例題 1.5.5

$\displaystyle\lim_{x\to 1} x^3 = 1$ を証明せよ．

【解答】　$\varepsilon > 0$ とする．

$$\delta := \min\left\{1, \frac{\varepsilon}{7}\right\} > 0$$

とおくと $0 < |x - 1| < \delta$ のとき，三角不等式を用いれば

$$|x| - 1 \leq |x - 1| < \delta$$

さらに δ の取り方から $\delta \leq 1$ より $|x| < 1 + \delta \leq 2$ となる．よって

$$|x|^2 < (1 + \delta)^2 \leq 4$$

したがって

$$|x^3 - 1| = |x - 1||x^2 + x + 1| \leq \delta(|x|^2 + |x| + 1) \leq 7\delta \leq \varepsilon \qquad \square$$

問 1.5.1　次を証明せよ．

(1) $\displaystyle\lim_{x\to 1}(x^2 + 2x) = 3$ 　　(2) $\displaystyle\lim_{x\to 1}\frac{x^3 - 1}{x - 1} = 3$

定義 1.5.6（**右側極限と左側極限**）　任意の正数 ε に対して，

$$0 < x - a < \delta \text{ ならば } |f(x) - \alpha| < \varepsilon$$

をみたす正数 δ が存在するとき，

$$\lim_{x\to a+0} f(x) = \alpha$$

で表し，α を**右側極限値**という：

$$\forall \varepsilon > 0, \exists \delta > 0, 0 < x - a < \delta \ \Rightarrow \ |f(x) - \alpha| < \varepsilon$$

同様に任意の正数 ε に対して，

$$0 < a - x < \delta \text{ ならば } |f(x) - \alpha| < \varepsilon$$

をみたす正数 δ が存在するとき，

$$\lim_{x \to a - 0} f(x) = \alpha$$

と表し，α を**左側極限値**という：

$$\forall \varepsilon > 0, \exists \delta > 0, 0 < a - x < \delta \Rightarrow |f(x) - \alpha| < \varepsilon$$

定義 1.5.4（関数の極限）のように他の場合についても同様に定義する．
高校数学において次は関数の極限を求める上で最も基本であった．

> **命題 1.5.7** 極限 $\displaystyle\lim_{x \to a} f(x)$ が存在するための必要十分条件は極限 $\displaystyle\lim_{x \to a+0} f(x)$ と $\displaystyle\lim_{x \to a-0} f(x)$ が存在して
>
> $$\lim_{x \to a+0} f(x) = \lim_{x \to a-0} f(x)$$
>
> が成り立つことである．このとき，
>
> $$\lim_{x \to a} f(x) = \lim_{x \to a+0} f(x) = \lim_{x \to a-0} f(x)$$

> **命題 1.5.8** （**極限と四則演算**） $\displaystyle\lim_{x \to a} f(x) = \alpha,\ \lim_{x \to a} g(x) = \beta$ とするとき，
>
> (1) $\displaystyle\lim_{x \to a} f(x) + g(x) = \alpha + \beta$
>
> (2) $\displaystyle\lim_{x \to a} cf(x) = c\alpha$ （ただし，$c \in \mathbb{R}$）
>
> (3) $\displaystyle\lim_{x \to a} f(x)g(x) = \alpha\beta$
>
> (4) $\displaystyle\lim_{x \to a} \frac{f(x)}{g(x)} = \frac{\alpha}{\beta}$ （ただし，$\beta \neq 0$）

> **定理 1.5.9** （はさみうちの原理）　$g(x) \leq f(x) \leq h(x)$ かつ $\displaystyle\lim_{x \to a} g(x) = \alpha,\ \lim_{x \to a} h(x) = \alpha$ のとき
>
> $$\lim_{x \to a} f(x) = \alpha$$

次は重要な極限であるので確かめておこう.

例題 1.5.10

$\displaystyle\lim_{x \to 0} \frac{e^x - 1}{x} = 1$ を証明せよ.

【解答】　$0 < x < 1$ のとき

$$1 + x < e^x = \sum_{n=0}^{\infty} \frac{x^n}{n!} < \sum_{n=0}^{\infty} x^n = \frac{1}{1-x}$$

よって $1 < \dfrac{e^x - 1}{x} < \dfrac{1}{1-x}$ となる. 定理 1.5.9（はさみうちの原理）より

$$\lim_{x \to +0} \frac{e^x - 1}{x} = 1$$

同様に $\displaystyle\lim_{x \to -0} \frac{e^x-1}{x} = 1$ も確かめられる. よって命題 1.5.7 より

$$\lim_{x \to 0} \frac{e^x - 1}{x} = 1$$

$\square$

例題 1.5.11

$\displaystyle\lim_{x \to 0} \frac{\sin x}{x} = 1$ を証明せよ.

【解答】　$0 < x < \frac{\pi}{2}$ とする. 右図のような OA $=$ OB $= 1$ とする三角形 OAB で $\angle$AOB $= x$ となるものを考える. 線分 OB の延長上に $\angle$OAC が直角になるように点 C をとる. 面積に関して以下が成立する.

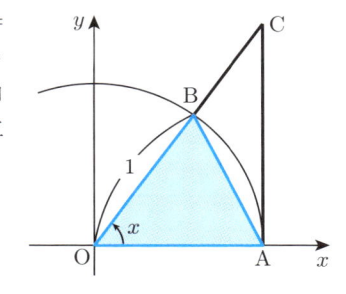

$$\triangle \text{OAB} < 扇型\,\text{OAB} < \triangle \text{OAC}$$

よって

$$\frac{1}{2} \cdot \sin x < \frac{x}{2\pi} \cdot \pi < \frac{1}{2} \cdot \tan x$$

したがって $\sin x < x < \tan x$ となる．これより

$$\cos x < \frac{\sin x}{x} < 1$$

$\lim_{x \to +0} \cos x = 1$ より定理 1.5.9（はさみうちの原理）から

$$\lim_{x \to +0} \frac{\sin x}{x} = 1$$

また $-\frac{\pi}{2} < x < 0$ のとき，$0 < -x < \frac{\pi}{2}$ だから上の議論により

$$\cos(-x) < \frac{\sin(-x)}{-x} < 1$$

よって

$$\cos x < \frac{\sin x}{x} < 1$$

を得るので，

$$\lim_{x \to -0} \frac{\sin x}{x} = 1$$

がわかる．命題 1.5.7 より $\lim_{x \to 0} \frac{\sin x}{x} = 1$ となる． □

問 1.5.2 次の極限を求めよ．

(1) $\displaystyle \lim_{x \to 0} e^x$ (2) $\displaystyle \lim_{x \to \infty} \left(1 + \frac{1}{x}\right)^x$

(3) $\displaystyle \lim_{x \to 0} \frac{\sin(ax)}{bx}$ $(b \neq 0)$ (4) $\displaystyle \lim_{x \to 0} \frac{1 - \cos x}{x^2}$

定義 1.5.12 （**関数の連続性**） 関数 $f(x)$ が $a \in D$ に対して

$$\lim_{x \to a} f(x) = f(a)$$

をみたすとき，関数 $f(x)$ は点 a で**連続**であるという．またすべての $a \in D$ において関数 $f(x)$ が連続であるとき，関数 $f(x)$ は $\boldsymbol{D}$ 上で**連続**であるという．

> **定理 1.5.13**（連続性と四則演算）　D 上で連続な関数 $f(x)$, $g(x)$ に対して，次が成り立つ：
>
> (1)　$\alpha, \beta \in \mathbb{R}$ に対して，$\alpha f(x) + \beta g(x)$ も D 上で連続である．
>
> (2)　積 $f(x)g(x)$ も D 上で連続である．
>
> (3)　$g(x) \neq 0$ $(x \in D)$ ならば商 $\dfrac{f(x)}{g(x)}$ も D 上で連続である．

> **定理 1.5.14**（合成関数の連続性）　関数 $f\colon D \to \mathbb{R}$, $g\colon E \to \mathbb{R}$ が連続で $f(D) \subset E$ ならば合成関数
>
> $$g \circ f(x) = g(f(x))$$
>
> も D 上で連続である．

例題 1.5.15（指数関数の連続性）

指数関数 $f(x) = e^x$ は $\mathbb{R}$ 上で連続であることを証明せよ．

【解答】　$a \in \mathbb{R}$ に対して，問 1.5.2 (1) より

$$|e^x - e^a| = |e^a||e^{x-a} - 1| \to 0 \quad (x \to a)$$

よって

$$\lim_{x \to a} e^x = e^a$$

より指数関数 e^x は $\mathbb{R}$ 上で連続である．　　　　□

例 1.5.16　例 1.5.15（指数関数の連続性）と定理 1.5.13（連続性と四則演算）より双曲線関数

$$f(x) = \cosh x, \sinh x, \tanh x$$

も $\mathbb{R}$ 上で連続である．　　　　□

問 1.5.3　次の関数の $x = 0$ における連続性を調べよ．

(1)　$f(x) = \begin{cases} \sin\left(\dfrac{1}{x}\right) & (x \neq 0) \\ 0 & (x = 0) \end{cases}$　　　(2)　$f(x) = \begin{cases} x\sin\left(\dfrac{1}{x}\right) & (x \neq 0) \\ 0 & (x = 0) \end{cases}$

次は高校数学で学んだ閉区間上の連続関数に関する基本定理であった.

定理 1.5.17（中間値の定理）　関数 $f(x)$ は閉区間 $[a,b]$ 上で連続で $f(a) \leq f(b)$ とする. 任意の $f(a) \leq \gamma \leq f(b)$ に対して,

$$f(c) = \gamma$$

をみたす $a \leq c \leq b$ が存在する. つまり

$$\forall \gamma \in [f(a), f(b)], \exists c \in [a,b], f(c) = \gamma$$

$f(a) \geq f(b)$ も同様に成り立つ.

定義 1.5.18（関数の最大値・最小値）　すべての $x \in D$ に対して, $f(x) \leq f(c)$ をみたす $c \in D$ が存在するとき, $f(c)$ を $f(x)$ の D 上の**最大値**, または $f(x)$ は D 上で最大値 $f(c)$ をもつという. つまり

$$\exists c \in D, \forall x \in D, f(x) \leq f(c)$$

このとき

$$f(c) = \max\{f(x) \mid x \in D\}$$

と表したりもする.

　同様に, すべての $x \in D$ に対して, $f(x) \geq f(d)$ をみたす $d \in D$ が存在するとき, $f(d)$ を $f(x)$ の D 上の**最小値**, または $f(x)$ は D 上で最小値 $f(d)$ をもつという. つまり

$$\exists d \in D, \forall x \in D, f(x) \geq f(d)$$

このとき

$$f(d) = \min\{f(x) \mid x \in D\}$$

と表したりもする.

定理 1.5.19（最大値・最小値の定理）　閉区間 $[a,b]$ 上で連続な関数 $f(x)$ は $[a,b]$ 上で最大値・最小値をもつ.

定義 1.5.20 （逆関数） 関数 $f: D \to E$ が全単射のとき，その逆写像 $f^{-1}: E \to D$ を特に $f(x)$ の**逆関数**という．

定義 1.5.21 （関数の単調性） すべての $x, y \in D$, $x < y$ に対して，

$$f(x) \leq f(y)$$

をみたすとき，関数 $f(x)$ は D 上で**単調増加**であるという：

$$\forall x, y \in D, \ x < y \ \Rightarrow \ f(x) \leq f(y)$$

もし

$$f(x) < f(y)$$

が成立するならば，区別して**狭義単調増加**という．

同様に，すべての $x, y \in D$, $x < y$ に対して，

$$f(x) \geq f(y)$$

をみたすとき，関数 $f(x)$ は D 上で**単調減少**であるという：

$$\forall x, y \in D, \ x < y \ \Rightarrow \ f(x) \geq f(y)$$

もし

$$f(x) > f(y)$$

が成立するならば，区別して**狭義単調減少**という．

定理 1.5.22 （狭義単調連続関数の逆関数） 閉区間 $[a, b]$ 上で狭義単調増加（減少）な連続関数 $y = f(x)$ に対して，逆関数

$$x = f^{-1}(y)$$

がただ 1 つ定義され，閉区間 $[f(a), f(b)]$ （$[f(b), f(a)]$） 上で狭義単調増加（減少）かつ連続である．

例 **1.5.23** （指数関数の狭義単調増加性） 指数関数

$$f(x) := e^x$$

は $\mathbb{R}$ 上で狭義単調増加である．

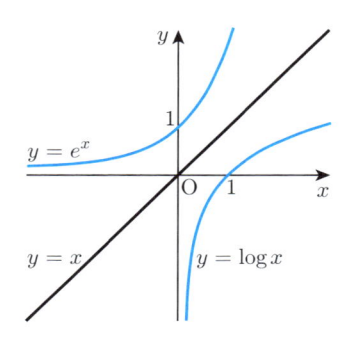

例 1.5.15（指数関数の連続性）と例 1.5.23（指数関数の狭義単調増加性）より指数関数の逆関数が定義される．

定義 **1.5.24** （対数関数） 指数関数の逆関数を**対数関数**という．

$$y = e^x \quad (-\infty \le x \le \infty) \Leftrightarrow x = \log y \quad (0 < y \le \infty)$$

問 **1.5.4**（対数法則） $\log(xy) = \log x + \log y$ を示せ．

定義 **1.5.25** （べき乗） $a > 0$ とする．$x \in \mathbb{R}$ に対して

$$a^x := e^{x \log a}$$

と定義し，a の **x 乗**という．関数 $f(x) = a^x$ は $\mathbb{R}$ 上で連続で，$a > 1$ のとき狭義単調増加，$0 < a < 1$ のとき狭義単調減少である．

注意 1.5.26　べき乗 a^x は既に高校数学で学んだが，どのように定義したか思い出すと $n \in \mathbb{Z}$ のとき

$$a^n := \begin{cases} \overbrace{a \times \cdots \times a}^{n} & (n > 0) \\ 1 & (n = 0) \\ \frac{1}{a^{-n}} & (n < 0) \end{cases}$$

と定義した．また $m \in \mathbb{N}$ のとき

$$a^{\frac{1}{m}} := \sqrt[m]{a}$$

とした．よって有理数 $\frac{n}{m}$ に対して $a^{\frac{n}{m}}$ が定義されたことになる．しかし $x \in \mathbb{R}$ に対して a^x は明確に定義していなかったので，やや天下りではあるが，上のように定義する．

　$x \in \mathbb{R}$ に対して，注意 1.3.8（有理数の稠密性）より $x_n \to x$ となる数列 $x_n \in \mathbb{Q}$ がとれるので，$a^x := \lim_{n \to \infty} a^{x_n}$ と定義することもできるが，数列 (x_n) のとり方に依らないことを確かめなければならないなど，やや面倒である．

問 1.5.5　次を証明せよ．

(1)　$a^x a^y = a^{x+y}$　　　(2)　$(a^x)^y = a^{xy}$

問 1.5.6　べき乗関数 $y = a^x$ の逆関数を $x = \log_a y$ で表すとき次を示せ．

$$\log_a(xy) = \log_a x + \log_a y$$

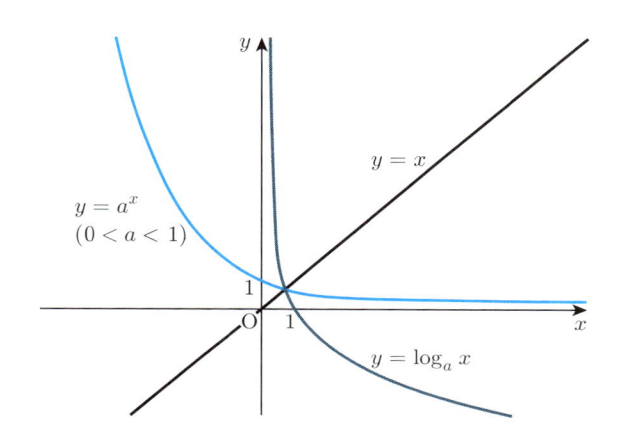

例題 1.5.27

次を証明せよ．

$$y = \cosh x \quad (-\infty < x < \infty) \Leftrightarrow x = \log(y \pm \sqrt{y^2 - 1}) \quad (1 \le y < \infty)$$

【解答】

$$y = \cosh x = \frac{e^x + e^{-x}}{2} \ \Leftrightarrow \ e^{2x} - 2ye^x + 1 = 0$$

$$\Leftrightarrow \ X = y \pm \sqrt{y^2 - 1} \quad (X := e^x)$$

$$\Leftrightarrow \ x = \log(y \pm \sqrt{y^2 - 1})$$

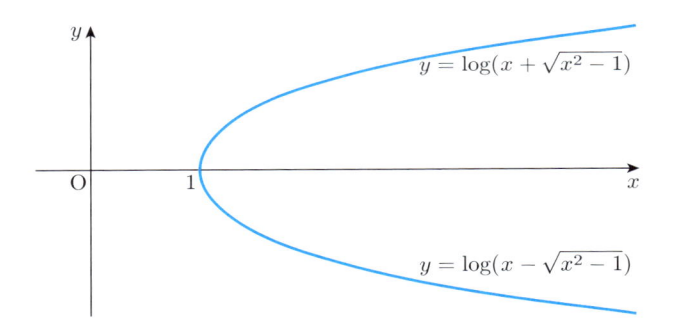

$$y = \log(x + \sqrt{x^2 - 1})$$

$$y = \log(x - \sqrt{x^2 - 1})$$

$\square$

問 1.5.7　次を証明せよ．

(1)　$y = \sinh x \quad (-\infty < x < \infty)$

$\Leftrightarrow x = \log(y + \sqrt{1 + y^2}) \quad (-\infty < y < \infty)$

(2)　$y = \tanh x \quad (-\infty < x < \infty)$

$\Leftrightarrow x = \dfrac{1}{2} \log \left| \dfrac{1 + y}{1 - y} \right| \quad (-\infty < y < \infty)$

> **定義 1.5.28** （逆三角関数） 三角関数の逆関数は**逆三角関数**と呼ばれる.
>
> $$y = \cos x \quad (0 \leq x \leq \pi) \qquad \Leftrightarrow \quad x = \arccos y \quad (-1 \leq y \leq 1)$$
>
> $$y = \sin x \quad \left(-\frac{\pi}{2} \leq x \leq \frac{\pi}{2}\right) \Leftrightarrow \quad x = \arcsin y \quad (-1 \leq y \leq 1)$$
>
> $$y = \tan x \quad \left(-\frac{\pi}{2} < x < \frac{\pi}{2}\right) \Leftrightarrow \quad x = \arctan y \quad (-\infty < y < \infty)$$
>
>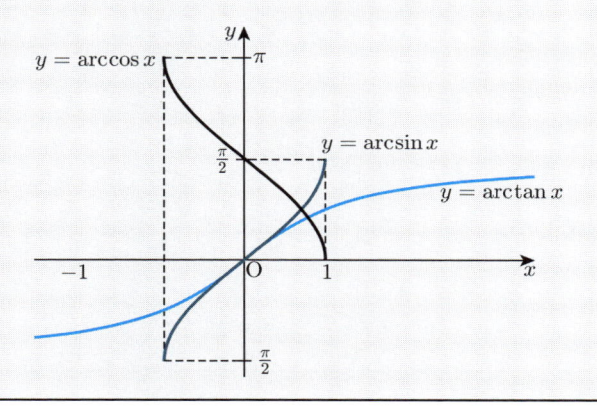

例題 1.5.29

次の値を求めよ.

(1) $\arccos\left(\dfrac{1}{\sqrt{2}}\right)$

(2) $\arcsin\left(-\dfrac{\sqrt{3}}{2}\right)$

(3) $\arctan 1$

【解答】 (1)

$$x = \arccos\left(\frac{1}{\sqrt{2}}\right) \Leftrightarrow \cos x = \frac{1}{\sqrt{2}} \quad (0 \leq x \leq \pi)$$

より $x = \frac{\pi}{4}$

(2)
$$x = \arcsin\left(-\frac{\sqrt{3}}{2}\right) \;\Leftrightarrow\; \sin x = -\frac{\sqrt{3}}{2} \quad \left(-\frac{\pi}{2} \leqq x \leqq \frac{\pi}{2}\right)$$

より $x = -\frac{\pi}{3}$

(3)
$$x = \arctan 1 \;\Leftrightarrow\; \tan x = 1 \quad \left(-\frac{\pi}{2} < x < \frac{\pi}{2}\right)$$

より $x = \frac{\pi}{4}$　　　　　　　　　　　　　　　　　　□

問 1.5.8　次の値を求めよ．

(1)　$\arccos\left(\dfrac{\sqrt{3}}{2}\right)$　　　(2)　$\arcsin\left(-\dfrac{1}{2}\right)$

(3)　$\arctan\sqrt{3}$　　　　　(4)　$\displaystyle\lim_{x\to\infty}\arctan x$

例題 1.5.30

次の等式を証明せよ．
$$\arccos x = \frac{\pi}{2} - \arcsin x$$

【解答】　$y := \arcsin x \;\Leftrightarrow\; x = \sin y \quad \left(-\dfrac{\pi}{2} \leqq y \leqq \dfrac{\pi}{2}\right)$

より
$$\cos\left(\frac{\pi}{2} - y\right) = \sin y = x$$

よって
$$0 \leqq \frac{\pi}{2} - y \leqq \pi$$

に注意すると
$$\arccos x = \frac{\pi}{2} - y \qquad\qquad □$$

問 1.5.9　次の等式を証明せよ．

(1)　$\arctan\left(\dfrac{1}{2}\right) + \arctan\left(\dfrac{1}{3}\right) = \dfrac{\pi}{4}$

(2)　$2\arctan\left(\dfrac{1}{3}\right) + \arctan\left(\dfrac{1}{7}\right) = \dfrac{\pi}{4}$

演 習 問 題

演習 1.1　命題 1.1.9（数列の極限と四則演算）を証明せよ.

演習 1.2　命題 1.1.10（はさみうちの原理）を証明せよ.

演習 1.3　命題 1.1.2 を証明せよ.

演習 1.4　注意 1.3.7（アルキメデスの原理）を証明せよ

演習 1.5　$\alpha \in \mathbb{R}$, $0 < r < 1$, $N \in \mathbb{N}$ に対して，数列 (a_n) が

$$n > N \;\Rightarrow\; |a_{n+1} - \alpha| \le r|a_n - \alpha|$$

をみたすとき，$\displaystyle\lim_{n\to\infty} a_n = \alpha$ であることを証明せよ.

演習 1.6　数列 (a_n) を

$$a_1 = 1, \quad a_{n+1} = \frac{1}{a_n + 1} \quad (n \ge 1)$$

とする.

(1)　$a_1 > a_3 > \cdots > a_{2n-1} > \cdots > a_{2n} > \cdots > a_4 > a_2$ を示せ.

(2)　$\displaystyle\lim_{n\to\infty} a_{2n-1} = \lim_{n\to\infty} a_{2n}$ を示せ.

(3)　$\displaystyle\lim_{n\to\infty} a_n$ を求めよ.

演習 1.7　次の級数の収束・発散を判定せよ.

(1)　$\displaystyle\sum_{n=2}^{\infty} \frac{1}{n(\log n)}$　　(2)　$\displaystyle\sum_{n=2}^{\infty} \frac{\log n}{n^2}$　　(3)　$\displaystyle\sum_{n=1}^{\infty} \sin^2\left(\frac{c}{n}\right)$

(4)　$\displaystyle\sum_{n=1}^{\infty} (-1)^n (\sqrt{n+1} - \sqrt{n})$

演習 1.8　循環小数 $0.\dot{a}_1 a_2 \cdots \dot{a}_N$ は有理数であることを示せ.

演習 1.9　次の極限値を求めよ.

(1)　$\displaystyle\lim_{x\to 0} \frac{e^{ax} - e^{bx}}{x}$　　　　　　　　(2)　$\displaystyle\lim_{x\to 0} \frac{\log(1+x)}{x}$

(3)　$\displaystyle\lim_{x\to 0} \frac{\sin(bx)}{\sin(ax)}$　$(a \ne 0)$　　(4)　$\displaystyle\lim_{x\to 0} (1 + ax)^{\frac{1}{x}}$

演習 1.10　閉区間 $[a,b]$ 上で連続な関数 $f(x)$ が $a \le f(x) \le b$ をみたすならば $f(c) = c$ となる $c \in [a,b]$ が存在することを示せ.

演習 1.11　関数 $f(x)$, $g(x)$ が区間 I 上で連続かつ $f(x) = g(x)$ $(x \in I \cap \mathbb{Q})$ ならば $f(x) = g(x)$ $(x \in I)$ であることを証明せよ.

演習 1.12　$\displaystyle\lim_{m\to\infty} \left\{ \lim_{n\to\infty} (\cos(m!\,\pi x))^n \right\}$ を求めよ.

第2章

1 変数関数の微分

　1 変数関数の微分について述べる．関数の増減表をつくり曲線の性質を調べたりすることを高校数学で学んできた．前半はそれらの復習のような内容である．後半はテイラーの定理とその応用として関数の極限について深く理解することを目的としている．

2.1 微分係数と導関数

　関数の微分の定義は高校数学で学んだものと同じであるが，まずは一通り復習しておこう．

定義 2.1.1 （関数の微分可能性）　点 $a \in D$ 対して，極限

$$\lim_{x \to a} \frac{f(x) - f(a)}{x - a}$$

が存在するとき，関数 $f(x)$ は点 a で**微分可能**であるといい，この極限値を $f(x)$ の点 a における**微分係数**といい，

$$f'(a)$$

で表す．

定理 2.1.2 （微分可能な関数の連続性）　関数 $f(x)$ が点 a で微分可能ならば，$f(x)$ は点 a で連続である．

定義 2.1.3 （右側微分と左側微分） 点 $a \in D$ 対して，極限

$$\lim_{x \to a+0} \frac{f(x) - f(a)}{x - a}$$

が存在するとき，関数 $f(x)$ は点 a で**右側微分可能**であるといい，$f'_+(a)$ で表し，**右側微分係数**という．同様に極限

$$\lim_{x \to a-0} \frac{f(x) - f(a)}{x - a}$$

が存在するとき，関数 $f(x)$ は点 a で**左側微分可能**であるといい，$f'_-(a)$ で表し，**左側微分係数**という．

定理 2.1.4 関数 $f(x)$ が点 $a \in D$ で微分可能であるための必要十分条件は，$f'_+(a)$, $f'_-(a)$ が共に存在して一致することである．このとき，

$$f'(a) = f'_+(a) = f'_-(a)$$

例 2.1.5 $f(x) = |x|$ に対して

$$f'_+(0) = \lim_{x \to +0} \frac{x}{x} = 1,$$

$$f'_-(0) = \lim_{x \to -0} \frac{-x}{x} = -1$$

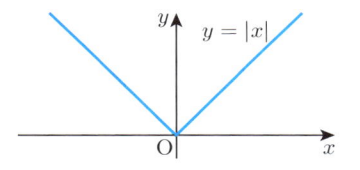

より $x = 0$ で微分不可能．よって連続であっても微分可能であるとは限らない．つまり定理 2.1.2（微分可能な関数の連続性）の逆は成立しない． □

注意 2.1.6 世の中には至るところ微分不可能な連続関数も存在する．初めてワイエルシュトラスによって証明された．

$$f(x) = \sum_{k=0}^{\infty} a^k \cos(b^k \pi x)$$

ただし，$a, b > 0$ は適当な条件を必要とする．近似曲線のグラフをかけば，至るところギザギザしていて接線が引けないだろうことが想像できる．

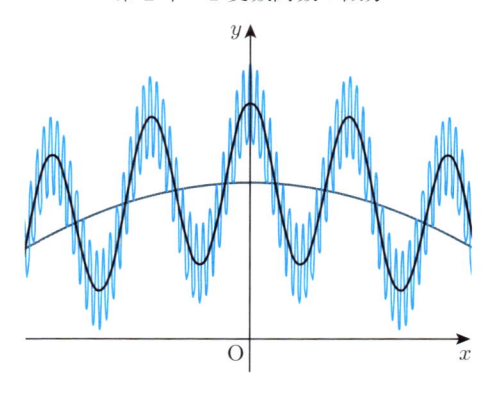

$$f_0(x)(\text{———}), \quad f_1(x)(\text{———}), \quad f_2(x)(\text{———}) \text{ のグラフ}$$

ただし，$f_n(x) = \displaystyle\sum_{k=0}^{n} a^k \cos(b^k \pi x)$

定義 2.1.7（**導関数**）　関数 $f(x)$ がすべての点 $x \in D$ で微分可能であるとき，$f(x)$ は D 上で**微分可能**であるといい，

$$f'(x) := \lim_{h \to 0} \frac{f(x+h) - f(x)}{h} \quad (x \in D)$$

で関数 $f' : D \to \mathbb{R}$ を定義し，$f(x)$ の**導関数**という．$y = f(x)$ とするとき，

$$f^{(1)}(x), \quad \frac{df}{dx}(x), \quad y', \quad y^{(1)}, \quad \frac{dy}{dx}$$

などと表したりもする．

これまで紹介した基本的な関数の導関数を復習しよう．

例 2.1.8（**多項式の微分**）　$(x^n)' = nx^{n-1} \ (n \in \mathbb{N})$ である．$h \neq 0$ に対して，注意 1.1.11（2 項定理）より

$$(x+h)^n = x^n + \binom{n}{1}x^{n-1}h + \binom{n}{2}x^{n-2}h^2 + \cdots + h^n$$

だから

$$\frac{(x+h)^n - x^n}{h} = \binom{n}{1}x^{n-1} + \binom{n}{2}x^{n-2}h + \cdots + h^{n-1} \to nx^{n-1}$$

$$(h \to 0) \ \square$$

例題 2.1.9（指数関数，対数関数の微分）

次を示せ.

(1) $(e^x)' = e^x \ (x \in \mathbb{R})$　　(2) $(\log|x|)' = \dfrac{1}{x} \ (x \neq 0)$

【解答】 $h \neq 0$ とする.

(1) $x \in \mathbb{R}$ に対して，指数法則と例 1.5.10 より

$$\frac{e^{x+h} - e^x}{h} = e^x \frac{e^h - 1}{h} \to e^x \quad (h \to 0)$$

(2) $x > 0$ に対して，対数法則より

$$\frac{\log(x+h) - \log x}{h} = \frac{1}{h} \log\left(1 + \frac{h}{x}\right) = \frac{1}{x} \frac{x}{h} \log\left(1 + \frac{h}{x}\right) = (\bigstar)$$

$y := \log\left(1 + \frac{h}{x}\right)$ とおけば，$\frac{h}{x} = e^y - 1$ であり，また $h \to 0$ のとき $y \to 0$ だから再び例 1.5.10 より

$$(\bigstar) = \frac{1}{x} \frac{y}{e^y - 1} \to \frac{1}{x} \quad (y \to 0)$$

$x < 0$ のときも同様. □

問 2.1.1（三角関数の微分）　次を証明せよ.

(1) $(\cos x)' = -\sin x \quad (x \in \mathbb{R})$

(2) $(\sin x)' = \cos x \quad (x \in \mathbb{R})$

(3) $(\tan x)' = \dfrac{1}{\cos^2 x} \quad \left(-\dfrac{\pi}{2} < x < \dfrac{\pi}{2}\right)$

定理 2.1.10（微分と四則演算）　D 上で微分可能な関数 $f(x), g(x)$ に対して，次が成り立つ：

(1) $\alpha, \beta \in \mathbb{R}$ に対して，$\alpha f(x) + \beta g(x)$ も D 上で微分可能であり，

$$(\alpha f(x) + \beta g(x))' = \alpha f'(x) + \beta g'(x)$$

(2) 積 $f(x)g(x)$ も D 上で微分可能であり，

$$(f(x)g(x))' = f'(x)g(x) + f(x)g'(x)$$

(3) $g(x) \neq 0 \ (x \in D)$ ならば商 $\dfrac{f(x)}{g(x)}$ も D 上で微分可能であり，

$$\left(\frac{f(x)}{g(x)}\right)' = \frac{f'(x)g(x) - f(x)g'(x)}{g(x)^2}$$

問 2.1.2（双曲線関数の微分） 次を証明せよ.

(1) $(\cosh x)' = \sinh x \qquad (x \in \mathbb{R})$

(2) $(\sinh x)' = \cosh x \qquad (x \in \mathbb{R})$

(3) $(\tanh x)' = \dfrac{1}{\cosh^2 x} \qquad (x \in \mathbb{R})$

定理 2.1.11（合成関数の微分） 関数 $f \colon D \to \mathbb{R}$, $g \colon E \to \mathbb{R}$ が微分可能で, $f(D) \subset E$ ならば合成関数 $g \circ f(x)$ も D 上で微分可能であり,

$$(g \circ f)'(x) = g'(f(x))f'(x)$$

が成り立つ. $y = f(x)$, $z = g(y)$ とするとき,

$$\frac{dz}{dx} = \frac{dz}{dy}\frac{dy}{dx}$$

と表すこともある.

系 2.1.12（対数微分） 関数 $f(x)$ は D 上で微分可能かつ $f(D) \subset (0, \infty)$ のとき

$$(\log f(x))' = \frac{f'(x)}{f(x)}$$

が成り立つ. $y = f(x)$ とするとき,

$$\frac{d}{dx}\log y = \frac{1}{y}\frac{dy}{dx} = \frac{y'}{y}$$

と表すこともある.

--- 例題 **2.1.13** ---

次を証明せよ.

$$(x^a)' = ax^{a-1} \quad (a \in \mathbb{R}, \ x > 0)$$

【解答】 $y := x^a$ とおくと $\log y = a \log x$ となる. 両辺を x で微分すると

$$\frac{y'}{y} = \frac{a}{x}$$

よって

$$y' = \frac{ay}{x} = ax^{a-1} \qquad\qquad \square$$

問 2.1.3 次の関数を微分せよ $(a > 0, \ a \neq 1)$.

(1) $a^x \quad (x \in \mathbb{R})$ (2) $\log_a |x| \quad (x \neq 0)$ (3) $x^x \quad (x > 0)$

定理 **2.1.14** （逆関数の微分） 関数 $f(x)$ が D 上で微分可能, 狭義単調かつ $f'(x) \neq 0 \ (x \in D)$ とするとき, 逆関数 $f^{-1}(y)$ は $f(D)$ で微分可能であり,

$$(f^{-1})'(y) = \frac{1}{f'(x)}$$

が成立する. $y = f(x)$ とするとき, 次のように表すこともある.

$$\frac{dx}{dy} = \frac{1}{\dfrac{dy}{dx}}$$

--- 例題 **2.1.15** ---

次を逆関数の微分を用いて証明せよ （例題 2.1.9）.

$$(\log|x|)' = \frac{1}{x} \quad (x \neq 0)$$

【解答】 関数 $y = f(x) = e^x$ は $x \in \mathbb{R}$ で微分可能, 狭義単調増加かつ $f'(x) = e^x \neq 0$ であるから逆関数 $f^{-1}(y) = \log y$ は $y > 0$ で微分可能であり,

$$\frac{d}{dy}(\log y) = \frac{1}{y'} = \frac{1}{e^x} = \frac{1}{y} \qquad\qquad \square$$

問 2.1.4（逆三角関数の微分）　次を証明せよ.

(1)　$(\arccos x)' = -\dfrac{1}{\sqrt{1-x^2}}$　　$(-1 < x < 1)$

(2)　$(\arcsin x)' = \dfrac{1}{\sqrt{1-x^2}}$　　$(-1 < x < 1)$

(3)　$(\arctan x)' = \dfrac{1}{1+x^2}$　　　$(x \in \mathbb{R})$

定義 2.1.16（極大値・極小値）　関数 $f(x)$ と点 $a \in D$ に対して,

$$\exists \delta > 0,\, 0 < |x-a| < \delta \;\Rightarrow\; f(x) \leq f(a)\ (f(x) \geq f(a))$$

が成り立つとき, $f(x)$ は点 a で**極大**（**極小**）といい, $f(a)$ を**極大値**（**極小値**）という. 極大値, 極小値を合わせて単に**極値**と呼ぶ.

命題 2.1.17　関数 $f(x)$ が点 $a \in D$ で微分可能かつ極値をとるとき,

$$f'(a) = 0$$

が成立する.

定理 2.1.18（ロルの定理）　関数 $f(x)$ は閉区間 $[a,b]$ 上で連続, 開区間 (a,b) 上で微分可能, $f(a) = f(b)$ ならば

$$f'(c) = 0$$

をみたす点 $c \in (a,b)$ が存在する.

これを使って平均値の定理が証明される.

定理 2.1.19（**平均値の定理**）　関数 $f(x)$ は閉区間 $[a,b]$ 上で連続, 開区間 (a,b) 上で微分可能であるとき,

$$\frac{f(b) - f(a)}{b - a} = f'(c)$$

をみたす点 $c \in (a,b)$ が存在する.

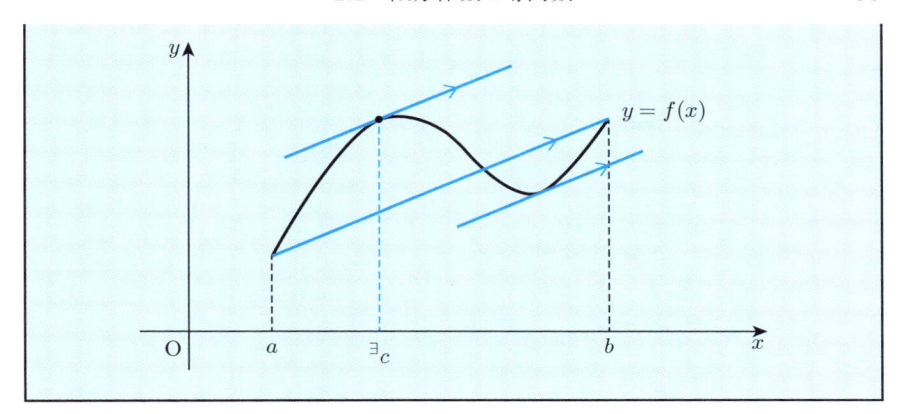

定理 2.1.19（平均値の定理）の応用は色々ある．これらは高校数学で学んだ．

> **系 2.1.20** 関数 $f(x)$ は閉区間 $[a,b]$ で連続，開区間 (a,b) で微分可能
> であり，さらに $f'(x) = 0$ $(a < x < b)$ ならば $f(x)$ は (a,b) 上で定数で
> ある．

> **系 2.1.21** 関数 $f(x)$ が閉区間 $[a,b]$ 上で連続，開区間 (a,b) 上で微分可
> 能かつ $f'(x) > 0$ $(f'(x) < 0)$ ならば，$f(x)$ は閉区間 $[a,b]$ 上で狭義単調
> 増加（減少）である．

定理 2.1.19（平均値の定理）の拡張として次が成り立つ．

> **定理 2.1.22** （コーシーの平均値の定理） 関数 $f(x), g(x)$ は閉区間 $[a,b]$
> 上で連続，開区間 (a,b) 上で微分可能であり，
> $$g(a) \neq g(b), \quad g'(x) \neq 0 \quad (a < x < b)$$
> とするとき，
> $$\frac{f(b) - f(a)}{g(b) - g(a)} = \frac{f'(c)}{g'(c)}$$
> をみたす点 $c \in (a,b)$ が存在する．

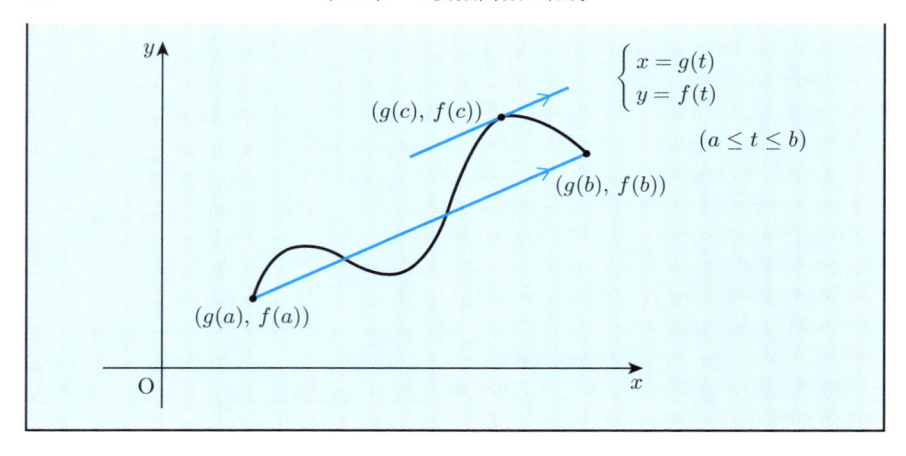

　定理 2.1.22（コーシーの平均値）の定理から不定形の極限値でおなじみの定理が導かれる.

定理 2.1.23　（ロピタルの定理）　関数 $f(x)$, $g(x)$ が開区間 (a, b) 上で微分可能とし,

$$\lim_{x \to a+0} f(x) = \lim_{x \to a+0} g(x) = 0$$

であり, (a, b) 上で $g'(x) \neq 0$ とする. もし極限

$$\lim_{x \to a+0} \frac{f'(x)}{g'(x)}$$

が存在するならば, 極限

$$\lim_{x \to a+0} \frac{f(x)}{g(x)}$$

も存在し,

$$\lim_{x \to a+0} \frac{f(x)}{g(x)} = \lim_{x \to a+0} \frac{f'(x)}{g'(x)}$$

が成立する. $\lim_{x \to b-0} \frac{f(x)}{g(x)}$ についても同様である.

注意 2.1.24 定理 2.1.23（ロピタルの定理）は $x \to a + 0$ かつ $\frac{0}{0}$ 型の不定形に限っているが，$x \to \pm\infty$ の極限や $\frac{\infty}{\infty}$ 型の不定形でも同様に成立する.

注意 2.1.25 極限 $\lim_{x \to 0} \frac{e^x - 1}{x} = 1$（例 1.5.10）や $\lim_{x \to 0} \frac{\sin x}{x} = 1$（例 1.5.11）を定理 2.1.23（ロピタルの定理）を適用して求めることは循環論法になるので注意する.

注意 2.1.26 定理 2.1.23（ロピタルの定理）の逆は成立しない. 実際，

$$f(x) = x^2 \sin\left(\frac{1}{x}\right), \quad g(x) = x$$

とすると

$$\left| x^2 \sin\left(\frac{1}{x}\right) \right| \leq |x|^2 \to 0 \quad (x \to 0)$$

より

$$\lim_{x \to 0} f(x) = \lim_{x \to 0} g(x) = 0$$

ところで $\left| \dfrac{f(x)}{g(x)} \right| = \left| x \sin\left(\dfrac{1}{x}\right) \right| \leq |x| \to 0 \ (x \to 0)$ であるので，

$$\lim_{x \to 0} \frac{f(x)}{g(x)} = 0$$

一方 $\dfrac{f'(x)}{g'(x)} = 2x \sin\left(\dfrac{1}{x}\right) - \cos\left(\dfrac{1}{x}\right)$ より右辺第 1 項について

$$\lim_{x \to 0} 2x \sin\left(\frac{1}{x}\right) = 0$$

であるが，右辺第 2 項について

$$\lim_{x \to 0} \cos\left(\frac{1}{x}\right)$$

は存在しない. したがって

$$\lim_{x \to 0} \frac{f'(x)}{g'(x)}$$

は存在しない.

例題 2.1.27

次の極限値を求めよ $(n \in \mathbb{N})$.

(1) $\displaystyle\lim_{x \to 0} \frac{x - \sin x}{x^3}$　　　　(2) $\displaystyle\lim_{x \to \infty} \frac{x^n}{e^{2x}}$

(3) $\displaystyle\lim_{x \to +0} (-x \log x)$　　　(4) $\displaystyle\lim_{x \to 0} \left(\frac{1}{x^2} - \frac{1}{x \sin x} \right)$

(5) $\displaystyle\lim_{x \to 0} \left(\frac{e^x - 1}{x} \right)^{\frac{1}{x}}$

【解答】　定理 2.1.23（ロピタルの定理）を適用する.

(1)　$\displaystyle\lim_{x \to 0} \frac{x - \sin x}{x^3}$ は $\frac{0}{0}$ 型の不定形である.

$$\lim_{x \to 0} \frac{(x - \sin x)'}{(x^3)'} = \lim_{x \to 0} \frac{1 - \cos x}{3x^2}$$

もまた $\frac{0}{0}$ 型の不定形である. さらに

$$\lim_{x \to 0} \frac{(1 - \cos x)'}{(3x^2)'} = \lim_{x \to 0} \frac{\sin x}{6x} = \frac{1}{6}$$

よって

$$\lim_{x \to 0} \frac{x - \sin x}{x^3} = \lim_{x \to 0} \frac{1 - \cos x}{3x^2} = \lim_{x \to 0} \frac{\sin x}{6x} = \frac{1}{6}$$

(2)　$\frac{\infty}{\infty}$ 型の不定形である.

$$\lim_{x \to \infty} \frac{x^n}{e^{2x}} = \lim_{x \to \infty} \frac{nx^{n-1}}{2e^{2x}} = \cdots = \lim_{x \to \infty} \frac{n!}{2^n e^{2x}} = 0$$

(3)　$0 \times \infty$ 型の不定形の極限は無理やり分数の形に変形する.

$$\lim_{x \to +0} -x \log x = \lim_{x \to +0} \frac{-\log x}{\frac{1}{x}} = \lim_{x \to +0} x = 0$$

(4)　$\infty - \infty$ 型の不定形の極限は通分などを行う.

$$\lim_{x \to 0} \left(\frac{1}{x^2} - \frac{1}{x \sin x} \right) = \lim_{x \to 0} \frac{\sin x - x}{x^2 \sin x}$$

とすれば $\frac{0}{0}$ の不定形の極限となる.

$$\lim_{x \to 0} \frac{\sin x - x}{x^2 \sin x} = \lim_{x \to 0} \frac{\cos x - 1}{2x \sin x + x^2 \cos x}$$
$$= \lim_{x \to 0} \frac{-\sin x}{2 \sin x + 4x \cos x - x^2 \sin x}$$

$$= \lim_{x \to 0} \frac{-1}{2 + 4\frac{x}{\sin x}\cos x - x^2} = -\frac{1}{6}$$

(5) 1^{∞} 型の不定形の極限は対数をとる.

$$\lim_{x \to 0} \log\left(\frac{e^x - 1}{x}\right)^{\frac{1}{x}} = \lim_{x \to 0} \frac{\log\left(\frac{e^x - 1}{x}\right)}{x} = \lim_{x \to 0} \frac{xe^x - e^x + 1}{xe^x - x}$$

$$= \lim_{x \to 0} \frac{xe^x}{e^x + xe^x - 1} = \lim_{x \to 0} \frac{e^x}{\frac{e^x - 1}{x} + e^x}$$

$$= \frac{1}{2}$$

よって指数関数の連続性より

$$\lim_{x \to 0} \left(\frac{e^x - 1}{x}\right)^{\frac{1}{x}} = \sqrt{e} \qquad \square$$

注意 2.1.28 例題 2.1.27 において定理 2.1.23（ロピタルの定理）を適用する場合，論理的には (1) のように順々に不定形かどうか確かめながらやるべきだが，本のページ数の都合で (2) のように横着をする.

注意 2.1.29 定理 2.1.23（ロピタルの定理）は簡単な不定形の極限を求めるのに便利だが，何度も微分を繰り返すと計算間違いしやすいので，次節の漸近展開を用いる方がよいときもある.

問 2.1.5 次の極限を求めよ $(a, b, c, d \in \mathbb{R},\ ab \neq 0)$.

(1) $\displaystyle \lim_{x \to 0} \frac{x - \arcsin x}{x^3}$
    (2) $\displaystyle \lim_{x \to \infty} \frac{\log(ax + c)}{\log(bx + d)}$

(3) $\displaystyle \lim_{x \to +0} (\tan^2 x) \log(\sin x)$
    (4) $\displaystyle \lim_{x \to 0} \left(\frac{1}{x^2} - \frac{1}{\tan^2 x}\right)$

(5) $\displaystyle \lim_{x \to +0} x^x$

2.2 テイラーの定理

　曲線の接線を考えることは曲線を 1 次式で近似することと言い換えられる. 一般に n 次式で近似することを考えよう.

定義 2.2.1（**n 次導関数**）　関数 $f(x)$ は D 上で微分可能かつ導関数 $f'(x)$ も D 上で微分可能であるとき, $f(x)$ は D 上で**2 回微分可能**であるという. このとき $f'(x)$ の導関数を **2 次導関数**といい, $f''(x)$ で表す. $y = f(x)$ とするとき

$$f^{(2)}(x), \quad \frac{d^2 f}{dx^2}(x), \quad y'', \quad \frac{d^2 y}{dx^2}$$

と表したりもする.

　同様に $f(x)$ の $n-1$ 次導関数 $f^{(n-1)}(x)$ が D 上で微分可能であるとき, $f(x)$ は D 上で **n 回微分可能**であるという. このとき $f^{(n-1)}(x)$ の導関数を $f(x)$ の **n 次導関数**といい, $f^{(n)}(x)$ で表す. $y = f(x)$ とするとき

$$\frac{d^n f}{dx^n}(x), \quad y^{(n)}, \quad \frac{d^n y}{dx^n}$$

と表したりもする.

例題 2.2.2

　次を示せ（$n \in \mathbb{N},\, a \in \mathbb{R}$ とする）.

(1)　$(x^a)^{(n)} = a(a-1)\cdots(a-n+1)x^{a-n}$

(2)　$(e^x)^{(n)} = e^x$

(3)　$(\log x)^{(n)} = (-1)^{n-1}(n-1)!\, x^{-n}$

(4)　$(\sin x)^{(n)} = \sin\left(x + \dfrac{n\pi}{2}\right)$

(5)　$(\cos x)^{(n)} = \cos\left(x + \dfrac{n\pi}{2}\right)$

【解答】　(1)　$(x^a)' = ax^{a-1},\ (x^a)'' = (ax^{a-1})' = a(a-1)x^{a-2},\ \ldots,\ (x^a)^{(n)} = a(a-1)\cdots(a-n+1)x^{a-n}$

(2)　$(e^x)' = e^x$ より $(e^x)^{(n)} = e^x$

(3)　$(\log x)' = \frac{1}{x}$ だから (1) より $(\log x)^{(n)} = (-1)^{n-1}(n-1)!\, x^{-n}$

(4)　$(\sin x)' = \cos x,\ (\sin x)'' = (\cos x)' = -\sin x,\ (\sin x)^{(3)} = -\cos x,$
$(\sin x)^{(4)} = \sin x$ より

$$(\sin x)^{(n)} = \begin{cases} \sin x & (n = 4m) \\ \cos x & (n = 4m+1) \\ -\sin x & (n = 4m+2) \\ -\cos x & (n = 4m+3) \end{cases}$$

でもよいが, $(\sin x)' = \cos x = \sin\left(x + \frac{\pi}{2}\right),\ (\sin x)'' = \left(\sin\left(x + \frac{\pi}{2}\right)\right)' = \cos\left(x + \frac{\pi}{2}\right) = \sin\left(x + 2\frac{\pi}{2}\right)$ と以下同様にして

$$(\sin x)^{(n)} = \sin\left(x + \frac{n\pi}{2}\right)$$

と表すこともできる.

(5)　$\cos x = \sin\left(x + \frac{\pi}{2}\right)$ だから (3) より

$$(\cos x)^{(n)} = \left(\sin\left(x + \frac{\pi}{2}\right)\right)^{(n)}$$
$$= \sin\left(x + \frac{\pi}{2} + \frac{n\pi}{2}\right) = \cos\left(x + \frac{n\pi}{2}\right) \qquad \square$$

問 2.2.1　次の関数の n 次導関数を求めよ $(a > 0,\ a \neq 1)$.

(1)　a^x　　(2)　$\log_a |x|$

定理 2.2.3　（ライプニッツの公式）　関数 $f(x),\ g(x)$ が n 回微分可能であるとき,

$$(f(x)g(x))^{(n)} = \sum_{k=0}^{n} \binom{n}{k} f^{(k)}(x) g^{(n-k)}(x)$$

例題 2.2.4

次の関数の n 次導関数を求めよ.

(1) $\dfrac{2}{1-x^2}$　　(2) $(x^2+x)e^x$　　(3) $e^x \sin x$

【解答】　(1)

$$\frac{2}{1-x^2} = \frac{1}{1-x} + \frac{1}{1+x}$$

だから $\left(\dfrac{2}{1-x^2}\right)^{(n)} = n!\,(1-x)^{-n-1} + (-1)^n\,n!\,(1+x)^{-n-1}$

(2)　定理 2.2.3 (ライプニッツの公式) より

$$(x^2+x)e^x = \binom{n}{0}(x^2+x)e^x + \binom{n}{1}(2x+1)e^x + \binom{n}{2}2e^x$$

$$= \{x^2 + (2n+1)x + n^2\}e^x$$

(3)

$$(e^x \sin x)' = e^x \sin x + e^x \cos x = \sqrt{2}\,e^x \sin\left(x + \frac{\pi}{4}\right)$$

だから $(e^x \sin x)'' = \sqrt{2}\left(e^x \sin\left(x + \dfrac{\pi}{4}\right)\right)' = (\sqrt{2})^2 e^x \sin\left(x + \dfrac{2\pi}{4}\right)$

より以下同様にして

$$(e^x \sin x)^{(n)} = 2^{\frac{n}{2}} e^x \sin\left(x + \frac{n\pi}{4}\right)$$

$\square$

問 2.2.2　次の関数の n 次導関数を求めよ.

(1) $\dfrac{1}{x^2+5x+6}$　　(2) $x^3 \sin x$　　(3) $e^x \sin x \cos x$

定義 2.2.5（C^n 級関数）　関数 $f(x)$ が D 上で n 回微分可能かつ $f^{(n)}(x)$ が D 上で連続のとき, $f(x)$ は D 上で C^n 級であるという.

また $f(x)$ が D 上で何回でも微分可能なとき, $f(x)$ は D 上で C^∞ 級であるという.

例題 2.2.6

関数

$$f(x) = \begin{cases} x^2 \sin\left(\dfrac{1}{x}\right) & (x \neq 0) \\ 0 & (x = 0) \end{cases}$$

は $x = 0$ で微分可能であるが，導関数は連続ではないことを示せ．特に C^1 級ではない．

【解答】 $h \neq 0$ に対して

$$\left| \frac{f(h) - f(0)}{h} \right| = \left| h \sin\left(\frac{1}{h}\right) \right| \leq |h| \to 0 \quad (h \to 0)$$

より $x = 0$ で微分可能で，$f'(0) = 0$ である．また $x \neq 0$ に対して $f(x)$ は微分可能であり，

$$f'(x) = \left(x^2 \sin\left(\frac{1}{x}\right) \right)' = 2x \sin\left(\frac{1}{x}\right) - \cos\left(\frac{1}{x}\right)$$

ここで

$$\lim_{x \to 0} \cos\left(\frac{1}{x}\right)$$

は存在しないので，$\displaystyle\lim_{x \to 0} f'(x)$ は存在しない．したがって $f'(x)$ は $x = 0$ で連続ではない．

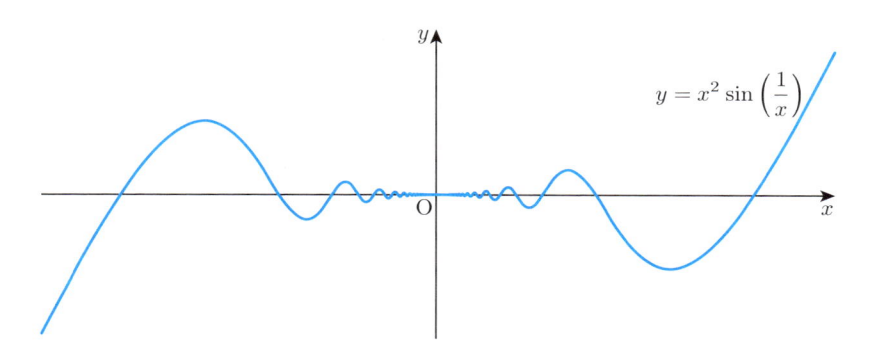

$$y = x^2 \sin\left(\frac{1}{x}\right)$$

$\square$

問 2.2.3 関数 $f(x) = x|x|$ は C^1 級だが C^2 級ではないことを示せ．

定理 2.2.7 （**テイラーの定理**） 関数 $f(x)$ が開区間 D 上で n 回微分可能であるとき，$a, x \in D$ に対して

$$f(x) = \sum_{k=0}^{n-1} \frac{f^{(k)}(a)}{k!}(x-a)^k + \frac{f^{(n)}(a+\theta(x-a))}{n!}(x-a)^n$$

をみたす $0 < \theta < 1$ が存在する：

$$\forall a, x \in D, \quad 0 < \exists \theta < 1, \quad f(x) = \sum_{k=0}^{n-1} \frac{f^{(k)}(a)}{k!}(x-a)^k + R_n(x)$$

ただし，

$$R_n(x) := \frac{f^{(n)}(a+\theta(x-a))}{n!}(x-a)^n$$

を**ラグランジュの剰余項**という．

注意 2.2.8 $a = 0$ のとき，**マクローリンの定理**と呼ばれる．

定理 2.2.9 $\alpha \in \mathbb{R}$ とする．

(1) $\quad e^x = \displaystyle\sum_{k=0}^{n-1} \frac{1}{k!}x^k + \frac{e^{\theta x}}{n!}x^n \quad (0 < \theta < 1)$

(2) $\quad \cos x = \displaystyle\sum_{k=0}^{n-1} \frac{(-1)^k}{(2k)!}x^{2k} + \frac{(-1)^n \cos(\theta x)}{(2n)!}x^{2n} \quad (0 < \theta < 1)$

(3) $\quad \sin x = \displaystyle\sum_{k=0}^{n-1} \frac{(-1)^k}{(2k+1)!}x^{2k+1} + \frac{(-1)^n \cos(\theta x)}{(2n+1)!}x^{2n+1} \quad (0 < \theta < 1)$

(4) $\quad \log(1+x) = \displaystyle\sum_{k=1}^{n-1} \frac{(-1)^{k-1}}{k}x^k + \frac{(-1)^{n-1}}{n(1+\theta x)^n}x^n \quad (0 < \theta < 1)$

(5) $\quad (1+x)^\alpha = \displaystyle\sum_{k=0}^{n-1} \binom{\alpha}{k}x^k + \binom{\alpha}{n}(1+\theta x)^{\alpha - x}x^n \quad (0 < \theta < 1)$

例題 2.2.10

ネイピア数 e の近似値を小数第 5 位まで求めよ.

【解答】
$$e = \sum_{k=0}^{n-1} \frac{1}{k!} + R_n$$

とすると注意 1.2.12 より $2 < e \le 3$ であったから $0 < R_n = \dfrac{e^\theta}{n!} \le \dfrac{3}{n!}$

$n = 10$ とし, 小数第 7 位まで求めると

$$1 + 1 + \frac{1}{2!} + \cdots + \frac{1}{9!} \fallingdotseq 2.7182815$$

かつ $0 < R_{10} < \frac{3}{10!} \fallingdotseq 0.0000008$ より小数第 5 位まで正しい近似値 $e \fallingdotseq 2.71828$ が求まる. $\qquad\square$

問 2.2.4 次の近似値を小数第 3 位まで求めよ.

(1) $\sqrt{e}$ 　　(2) e^2 　　(3) $\sin 1$

2.3 無限大・無限小

関数の値が無限大または無限小になる速さを比べたい.

定義 2.3.1（無限大）

$$\lim_{x \to a} f(x) = \lim_{x \to a} g(x) = \infty \quad \text{かつ} \quad \lim_{x \to a} \frac{f(x)}{g(x)} = \infty$$

のとき, $f(x)$ は $g(x)$ より **高位の無限大** という. このとき

$$g(x) \ll f(x) \quad (x \to a)$$

と表す. $x \to \pm\infty$ のときも同様に定義する.

例 2.3.2　$0 < a < b$ のとき

$$\log x \ll x^a \ll x^b \ll e^x \quad (x \to \infty)$$

であることを確かめる.

$$\frac{x^b}{x^a} = x^{b-a} \to \infty \quad (x \to \infty)$$

より $x^a \ll x^b$

$x > 1$ とする. $b + 1 < n$ となる $n \in \mathbb{N}$ をとる. 定理 2.2.9 (1) より

$$\frac{e^x}{x^b} = \frac{1}{x^b}\left\{\sum_{k=0}^{n}\frac{1}{k!}x^k + \frac{e^{\theta x}}{(n+1)!}x^{n+1}\right\} > \frac{1}{x^b}\frac{x^n}{n!} > \frac{x}{n!} \to \infty \quad (x \to \infty)$$

よって $x^b \ll e^x$

$y := a \log x$ とおくと $x \to \infty$ のとき $y \to \infty$ より

$$\frac{x^a}{\log x} = \frac{ae^y}{y} \to \infty \quad (x \to \infty)$$

したがって $\log x \ll x^a$ ☐

問 2.3.1 $-\log x \ll x^{-a} \ (x \to +0)$ を示せ $(a > 0)$.

定義 2.3.3 （無限小）

$$\lim_{x \to a} f(x) = \lim_{x \to a} g(x) = 0 \quad かつ \quad \lim_{x \to a} \frac{f(x)}{g(x)} = 0$$

のとき, $f(x)$ は $g(x)$ より**高位の無限小**という. このとき

$$f(x) = o(g(x)) \quad (x \to a)$$

で表す（**ランダウ記号**）. 同様に $x \to \pm\infty$ のときも定義する.

特に $g(x) = x^n$ のときが重要である.

定理 2.3.4 $n, m \in \mathbb{N}, c \in \mathbb{R}$ とする.

(1) $x^{n+1} = o(x^n) \quad (x \to 0)$

(2) $c \cdot o(x^n) = o(x^n) \quad (x \to 0)$

(3) $x^n \cdot o(x^m) = o(x^{n+m}) \quad (x \to 0)$

(4) $o(x^n) \cdot o(x^m) = o(x^{n+m}) \quad (x \to 0)$

(5) $n \leq m$ のとき, $o(x^n) + o(x^m) = o(x^n) \quad (x \to 0)$

(6) $\dfrac{o(x^m)}{x^n} = o(x^{m-n}) \quad (x \to 0)$

注意 2.3.5 $o(x^n)$ などは適当な関数に置き換えたり，$o(x^n) - o(x^n) = 0$ などとしてはいけない.

定理 **2.3.6** （漸近展開） 関数 $f(x)$ が $x = 0$ を含む開区間で C^n 級であるとき，

$$f(x) = \sum_{k=0}^{n} \frac{f^{(n)}(0)}{k!} x^k + o(x^n) \quad (x \to 0)$$

が成立する.

定理 **2.3.7** $\alpha \in \mathbb{R}$ とする.

(1) $\displaystyle e^x = \sum_{k=0}^{n} \frac{1}{k!} x^k + o(x^n) \quad (x \to 0)$

(2) $\displaystyle \cos x = \sum_{k=0}^{n} \frac{(-1)^k}{(2k)!} x^{2k} + o(x^{2n+1}) \quad (x \to 0)$

(3) $\displaystyle \sin x = \sum_{k=0}^{n} \frac{(-1)^k}{(2k+1)!} x^{2k+1} + o(x^{2n+2}) \quad (x \to 0)$

(4) $\displaystyle \log(1+x) = \sum_{k=1}^{n} \frac{(-1)^{k-1}}{k} x^k + o(x^n) \quad (x \to 0)$

(5) $\displaystyle (1+x)^\alpha = \sum_{k=0}^{n} \binom{\alpha}{k} x^k + o(x^n) \quad (x \to 0)$

例題 2.3.8

次の極限を求めよ.

(1) $\displaystyle \lim_{x \to 0} \frac{\sin x - x \cos x}{x^3 e^x}$

(2) $\displaystyle \lim_{x \to 0} \frac{e - (1+x)^{\frac{1}{x}}}{x}$

(3) $\displaystyle \lim_{x \to 0} \frac{e^x - e^{\sin x}}{x - x \cos x}$

【解答】 (1)

$$\frac{\sin x - x\cos x}{x^3 e^x} = \frac{x - \frac{x^3}{3!} + o(x^4) - x\left(1 - \frac{x^2}{2!} + o(x^3)\right)}{x^3(1 + x + o(x))}$$

$$= \frac{x - \frac{x^3}{6} + o(x^4) - x + \frac{x^3}{2} + o(x^4)}{x^3 + x^4 + o(x^4)} = \frac{\frac{x^3}{3} + o(x^4)}{x^3 + x^4 + o(x^4)}$$

$$= \frac{\frac{1}{3} + o(x)}{1 + x + o(x)} \to \frac{1}{3} \quad (x \to 0)$$

(2)

$$\log(1+x)^{\frac{1}{x}} = \frac{\log(1+x)}{x} = \frac{x - \frac{x^2}{2} + o(x^2)}{x} = 1 - \frac{x}{2} + o(x) \quad (x \to 0)$$

より

$$(1+x)^{\frac{1}{x}} = e^{\frac{\log(1+x)}{x}} = e^{1 - \frac{x}{2} + o(x)} = ee^{-\frac{x}{2} + o(x)} = e\left(1 - \frac{x}{2} + o(x)\right) \quad (x \to 0)$$

よって $\dfrac{e - (1+x)^{\frac{1}{x}}}{x} = \dfrac{\frac{e}{2}x + o(x)}{x} = \dfrac{e}{2} + o(1) \to \dfrac{e}{2} \quad (x \to 0)$

(3)

$$e^{\sin x} = e^{x - \frac{x^3}{3!} + o(x^4)}$$

$$= 1 + \left(x - \frac{x^3}{6} + o(x^4)\right) + \frac{1}{2}(x + o(x^2))^2 + \frac{1}{6}(x + o(x^2))^3 + o(x^3)$$

$$= 1 + x + \frac{1}{2}x^2 + o(x^3) \quad (x \to 0)$$

より

$$\frac{e^x - e^{\sin x}}{x - x\cos x} = \frac{\left(1 + x + \frac{x^2}{2!} + \frac{x^3}{3!} + o(x^3)\right) - \left(1 + x + \frac{1}{2}x^2 + o(x^3)\right)}{x - x\left(1 - \frac{x^2}{2!} + o(x^2)\right)}$$

$$= \frac{\frac{x^3}{6} + o(x^3)}{\frac{x^3}{2} + o(x^3)} = \frac{\frac{1}{6} + o(1)}{\frac{1}{2} + o(1)} \to \frac{1}{3} \quad (x \to 0) \qquad\qquad \square$$

問 2.3.2　次の極限を求めよ.

(1)　$\displaystyle\lim_{x \to 0}\left\{\frac{1}{x(x+1)} - \frac{\log(1+x)}{x^2}\right\}$　　　(2)　$\displaystyle\lim_{x \to 0}\left(\frac{\tan x}{x}\right)^{\frac{1}{x^2}}$

(3)　$\displaystyle\lim_{x \to 0}\frac{e^x \sin x - x\cos^2 x - x^2}{\sin^2 x - x\log(1+x)}$

演 習 問 題

演習 2.1 次の関数を微分せよ.

(1) $2^{\sin x}$ (2) $x^{\log x}$ (3) $\cos(3\arcsin x)$

(4) $\arctan\sqrt{\dfrac{1-\cos x}{1+\cos x}}$ (5) $\log\dfrac{\sqrt{1+x}+\sqrt{1-x}}{\sqrt{1+x}-\sqrt{1-x}}$

演習 2.2 次の関数の $x=0$ における微分可能性を調べよ.

(1) $f(x) = \begin{cases} e^{-\frac{1}{x^2}} & (x \neq 0) \\ 0 & (x = 0) \end{cases}$

(2) $f(x) = \begin{cases} x\dfrac{e^{\frac{1}{x}} - e^{-\frac{1}{x}}}{e^{\frac{1}{x}} + e^{-\frac{1}{x}}} & (x \neq 0) \\ 0 & (x = 0) \end{cases}$

演習 2.3 次の関数の第 n 次導関数を求めよ.

(1) $\dfrac{ax+b}{cx+d}$ $(ad-bc \neq 0)$

(2) $x\log x$ (3) $\cos(ax)\sin(bx)$ (4) $(1-x^2)^n$

演習 2.4 $y = f(x) = \arcsin x$ のとき次の等式を証明せよ.

(1) $(1-x)^2 y'' = xy'$

(2) $(1-x^2)y^{(n+2)} - (2n+1)xy^{(n+1)} - n^2 y^{(n)} = 0$

(3) $f^{(n+2)}(0) = n^2 f^{(n)}(0)$

(4) $f^{(2n)}(0) = 0,\ f^{(2n+1)}(0) = 1^2 \cdot 3^2 \cdot 5^2 \cdots (2n-1)^2$

演習 2.5 次の関数 $f(x)$ の $f^{(n)}(0)$ を求めよ.

(1) $f(x) = \arctan x$

(2) $f(x) = \log|x + \sqrt{x^2+1}|$

演習 2.6 ルジャンドルの多項式

$$P_n(x) = \frac{1}{2^n n!}\frac{d^n}{dx^n}(x^2-1)^n \quad (n \geq 0)$$

について次を証明せよ.

(1) $P_n(x)$ は n 次の多項式である.

(2) $(1-x^2)P_n''(x) - 2xP_n'(x) + n(n+1)P_n(x) = 0$ をみたす.

演習 2.7 チェビシェフの多項式

$$T_n(x) = \cos(n\theta), \quad U_n(x) = \frac{\sin((n+1)\theta)}{\sin\theta} \quad (\cos\theta = x,\ n \geq 0)$$

について次を証明せよ.

(1) $T_n(x)$, $U_n(x)$ は n 次の多項式である.

(2) $(1 - x^2)T_n''(x) - xT_n'(x) + n^2 T_n(x) = 0$ をみたす.

(3) $(1 - x^2)U_n''(x) - 3xU_n'(x) + n(n+1)U_n(x) = 0$ をみたす.

演習 2.8 命題 2.1.17 を証明せよ.

演習 2.9 関数 $f(x)$ は閉区間 $[a, b]$ 上で連続,開区間 (a, b) 上で微分可能であるとする.

(1) 系 2.1.20 を証明せよ.

(2) (1) を利用して次の等式を示せ.

$$\arcsin x + \arccos x = \frac{\pi}{2} \quad (例題 1.5.30)$$

演習 2.10 系 2.1.21 を証明せよ.

演習 2.11 関数 $f(x)$ は $\mathbb{R}$ 上で $n+1$ 回微分可能であるとする.

(1) $\mathbb{R}$ 上で常に $f^{(n+1)}(x) = 0$ ならば $f(x)$ は高々 n 次の多項式であることを示せ.

(2) n 次の多項式 $f(x)$ は

$$f(x) = \sum_{k=0}^{n} \frac{f^{(n)}(a)}{k!}(x - a)^k \quad (a \in \mathbb{R})$$

と表されることを示せ.

演習 2.12 次の極限を求めよ.

(1) $\displaystyle \lim_{x \to 0} \frac{\log(\cos(ax))}{\log(\cos(bx))} \quad (a, b \in \mathbb{R},\ b \neq 0)$

(2) $\displaystyle \lim_{x \to \infty} x\left(\frac{\pi}{2} - \arctan x\right)$

(3) $\displaystyle \lim_{x \to 0} \frac{e^x - e^{\sin x}}{x - \sin x}$

(4) $\displaystyle \lim_{x \to 0} \left\{\frac{\pi x - 1}{2x^2} + \frac{\pi}{x(e^{2\pi x} - 1)}\right\}$

(5) $\displaystyle \lim_{x \to 0} \frac{\arctan(\arcsin x)}{x}$

(6) $\displaystyle \lim_{x \to 0} \frac{\log((1 + x)(1 + x^2))}{x}$

(7) $\displaystyle \lim_{x \to 0} \frac{x^2 \sin\left(\frac{1}{x}\right)}{\sin x}$

第3章

1変数関数の積分

　高校数学では微分の逆演算として積分が定義されたが，実は連続関数の範囲における基本定理である．そのことを明確にするために本来の積分の定義からはじめる．

3.1　定　積　分

　長方形以外の図形の「面積」は決して自明なものではない．一般の図形を小さな長方形で近似することで積分および面積が定義される．

定義 3.1.1　（**定積分**）　閉区間 $[a, b]$ の分点の列
$$\Delta: a = x_0 < x_1 < \cdots < x_n = b$$
を $\Delta = \{x_k\}_{k=0}^{n}$ と表し，$[a, b]$ の**分割**という．ただし，$n \in \mathbb{N}$ は任意とする．小区間 $[x_{k-1}, x_k]$ の幅の最大値
$$|\Delta| := \max\{x_k - x_{k-1} \mid k = 1, 2, \ldots, n\}$$
を分割 Δ の**幅**という．

　閉区間 $[a, b]$ 上の有界な関数 $f(x)$ に対して，公理 1.3.4（上限・下限の存在）より
$$m_k(f; \Delta) := \inf\{f(x) \mid x_{k-1} \le x \le x_k\},$$
$$M_k(f; \Delta) := \sup\{f(x) \mid x_{k-1} \le x \le x_k\}$$
が存在する．次に
$$s(f; \Delta) := \sum_{k=1}^{n} m_k(f; \Delta)(x_k - x_{k-1}),$$
$$S(f; \Delta) := \sum_{k=1}^{n} M_k(f; \Delta)(x_k - x_{k-1})$$

とおき，それぞれ $f(x)$ の Δ に関する下限和，上限和という．定義より

$$s(f; \Delta) \leq S(f; \Delta)$$

が成立する．

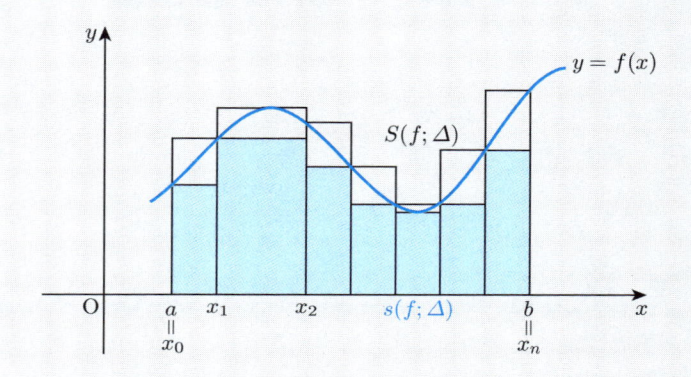

　さらに分割 Δ に新たな分点を付け加えた分割を Δ' とすると

$$s(f; \Delta) \leq s(f; \Delta') \leq S(f; \Delta') \leq S(f; \Delta)$$

がわかる．

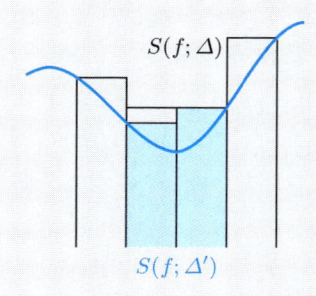

　よって任意の分割 Δ, Δ' に対して，両方の分点を合わせた分割を Δ'' とすれば

$$s(f; \Delta) \leq s(f; \Delta'') \leq S(f; \Delta'') \leq S(f; \Delta')$$

となる．したがって，

$$s(f) := \sup_{\Delta} s(f; \Delta), \quad S(f) := \inf_{\Delta} S(f; \Delta)$$

とおけば $s(f) \le S(f)$ を得る．ただし，$\sup\limits_{\Delta}, \inf\limits_{\Delta}$ はあらゆる分割 Δ を考えた上限，下限を意味する．$s(f), S(f)$ を $f(x)$ の**下積分，上積分**という．

もし $s(f) = S(f)$ ならば関数 $f(x)$ は閉区間 $[a, b]$ 上で**積分可能**であるいい，この値を

$$\int_a^b f(x)\, dx$$

で表し，a から b までの $f(x)$ の**定積分**という．また

$$\int_b^a f(x)\, dx := -\int_a^b f(x)\, dx, \quad \int_a^a f(x)\, dx := 0$$

と定義する．

注意 3.1.2　もし関数 $f(x)$ が閉区間 $[a, b]$ 上で連続ならば定理 1.5.19（最大値・最小値の定理）より有界であり，

$$m_k(f; \Delta) = \min\{f(x) \mid x_{k-1} \le x \le x_k\},$$
$$M_k(f; \Delta) = \max\{f(x) \mid x_{k-1} \le x \le x_k\}$$

となる．またもし関数 $f(x)$ が閉区間 $[a, b]$ 上で単調増加ならば

$$m_k(f; \Delta) = f(x_{k-1}), \quad M_k(f; \Delta) = f(x_k)$$

逆に単調減少ならば

$$m_k(f; \Delta) = f(x_k), \quad M_k(f; \Delta) = f(x_{k-1})$$

が成立する．

下積分 $s(f)$，上積分 $S(f)$ はあらゆる分割 Δ を考えた上限，下限であるため，定義から直接求めることは難しい．そこで役に立つのが次の定理である．

定理 3.1.3　（ダルブーの定理）

$$\lim_{|\Delta| \to 0} s(f; \Delta) = s(f), \quad \lim_{|\Delta| \to 0} S(f; \Delta) = S(f)$$

つまり

$$\forall \varepsilon > 0,\ \exists \delta > 0,\ |\Delta| < \delta \ \Rightarrow\ |s(f, \Delta) - s(f)| < \varepsilon,\ |S(f, \Delta) - S(f)| < \varepsilon$$

有界関数の積分可能性を調べるためには以下の形の方が使いやすい.

系 3.1.4（**有界関数の積分可能性**）　閉区間 $[a, b]$ 上で有界な関数 $f(x)$ が積分可能であるための必要十分条件は,

$$\lim_{|\Delta| \to 0} (S(f; \Delta) - s(f; \Delta)) = 0$$

である.

例 3.1.5　関数 $f(x) = x^2$ は閉区間 $[0, 1]$ 上で積分可能であることを定義にしたがって確かめてみよう.

閉区間 $[0, 1]$ の任意の分割 $\Delta = \{x_k\}_{k=1}^{n}$ に対して,

$$m_k(f; \Delta) = x_{k-1}^2, \quad M_k(f; \Delta) = x_k^2$$

より

$$s(f; \Delta) = \sum_{k=1}^{n} x_{k-1}^2 (x_k - x_{k-1}),$$

$$S(f; \Delta) = \sum_{k=1}^{n} x_k^2 (x_k - x_{k-1})$$

よって

$$0 \leq S(f; \Delta) - s(f; \Delta) = \sum_{k=1}^{n} (x_k^2 - x_{k-1}^2)(x_k - x_{k-1})$$

$$\leq |\Delta| \sum_{k=1}^{n} (x_k^2 - x_{k-1}^2) = |\Delta| \to 0 \qquad \square$$

問 3.1.1　閉区間 $[a, b]$ 上で単調増加な関数 $f(x)$ は積分可能であることを示せ.

注意 3.1.6　有界な関数はいつでも閉区間上で積分可能とは限らない. 例えば, 閉区間 $[0, 1]$ において

$$f(x) := \begin{cases} 0 & (x \in \mathbb{Q}) \\ 1 & (x \notin \mathbb{Q}) \end{cases}$$

は有界であるが積分可能ではない.

$|f(x)| \leq 1$ より関数 $f(x)$ は $[0,1]$ 上で有界である．次に閉区間 $[0,1]$ の分割 $\Delta = \{x_k\}_{k=1}^n$ に対して，どの小区間 $[x_{k-1}, x_k]$ においても注意 1.3.8（有理数の稠密性）より

$$[x_{k-1}, x_k] \cap \mathbb{Q} \neq \emptyset, \quad [x_{k-1}, x_k] \cap \mathbb{Q}^c \neq \emptyset$$

だから

$$m_k(f; \Delta) = 0, \quad M_k(f; \Delta) = 1$$

よって $s(f; \Delta) = 0$, $S(f; \Delta) = 1$ より

$$s(f) = 0, \quad S(f) = 1$$

　関数の値の挙動が複雑だと積分不可能なときがあるが，連続関数などは期待通りに積分可能である．証明は「一様連続性」を必要とするので決して自明ではない．

定理 3.1.7　（連続関数の積分可能性）　関数 $f(x)$ が閉区間 $[a, b]$ 上で連続ならば，$f(x)$ は $[a, b]$ 上で積分可能である．

注意 3.1.8　閉区間 $[a, b]$ 上で有限個 $a \leq c_1 < \cdots < c_n \leq b$ の点が存在して各開区間 (c_{k-1}, c_k) 上で $f(x)$ は連続であり，

$$\lim_{x \to c_{k-1}+0} f(x), \quad \lim_{x \to c_k+0} f(x)$$

が存在するとき，**区分的に連続**であるという．このような関数もまた積分可能である．

定義 3.1.9　（リーマン和）　閉区間 $[a, b]$ の分割 $\Delta = \{x_k\}_{k=0}^n$ の各小区間から**代表点** $\xi_k \in [x_{k-1}, x_k]$ をとり，その列 $\xi = \{\xi_k\}_{k=1}^n$ を**代表系**という．閉区間 $[a, b]$ 上で有界な関数 $f(x)$ に対して

$$R(f; \Delta, \xi) := \sum_{k=1}^n f(\xi_k)(x_k - x_{k-1})$$

を (Δ, ξ) に関する $f(x)$ の**リーマン和**という．このとき

$$s(f; \Delta) \leq R(f; \Delta, \xi) \leq S(f; \Delta)$$

となる．

定理 3.1.10　関数 $f(x)$ が閉区間 $[a, b]$ で積分可能ならば，$|\Delta| \to 0$ のとき代表系 ξ の取り方に依らず，

$$\lim_{|\Delta| \to 0} R(f; \Delta, \xi) = \int_a^b f(x)\, dx$$

となる．

系 3.1.11　（区分求積法）　関数 $f(x)$ が閉区間 $[a, b]$ で積分可能ならば，特に $[a, b]$ の n 等分割と各小区間の左端点または右端点の代表系を選べば，

$$\int_a^b f(x)\, dx = \lim_{n \to \infty} \sum_{k=1}^n f\left(a + \frac{k-1}{n}(b-a)\right) \frac{b-a}{n},$$

$$\int_a^b f(x)\, dx = \lim_{n \to \infty} \sum_{k=1}^n f\left(a + \frac{k}{n}(b-a)\right) \frac{b-a}{n}$$

が成立する．

　以上により，積分可能性が分かっていれば定積分の計算は都合の良い分割と代表系を選べばよいことがわかった．

例 3.1.12　関数 $f(x) = x^2$ の閉区間 $[0, 1]$ における定積分を系 3.1.11（区分求積法）を用いて求めてみよう．

　閉区間 $[0, 1]$ の n 等分割 $\Delta_n = \left\{\frac{k}{n}\right\}_{k=1}^n$ に対して，各小区間の右端点の代表系 $\xi_n = \left\{\frac{k}{n}\right\}_{k=1}^n$ をとれば，

$$R(f; \Delta_n, \xi_n) = \sum_{k=1}^n \left(\frac{k}{n}\right)^2 \frac{1}{n} = \frac{1}{n^3} \sum_{k=1}^n k^2$$

$$= \frac{1}{n^3} \frac{n(n+1)(2n+1)}{6} \to \frac{1}{3} \quad (n \to \infty) \qquad \square$$

問 3.1.2　次の定積分を系 3.1.11（区分求積法）を用いて求めよ．

(1) $\displaystyle\int_0^a 1\, dx \quad (a > 0)$ 　　(2) $\displaystyle\int_0^1 x^3\, dx$ 　　(3) $\displaystyle\int_0^1 e^x\, dx$

最後に定積分の基本的な性質について列挙する.

> **定理 3.1.13** （**定積分の性質**） 有界関数 $f(x)$, $g(x)$ は閉区間 $[a, b]$ 上で積分可能とする.
>
> (1) $a < c < b$ ならば
> $$\int_a^b f(x)\,dx = \int_a^c f(x)\,dx + \int_c^b f(x)\,dx$$
>
> (2) $\alpha, \beta \in \mathbb{R}$ に対して
> $$\int_a^b (\alpha f(x) + \beta g(x))\,dx = \alpha \int_a^b f(x)\,dx + \beta \int_a^b g(x)\,dx$$
>
> (3) $f(x) \leq g(x)$ ならば
> $$\int_a^b f(x)\,dx \leq \int_a^b g(x)\,dx$$
>
> 特に
> $$\left| \int_a^b f(x)\,dx \right| \leq \int_a^b |f(x)|\,dx$$

注意 3.1.14 定理 3.1.13（定積分の性質）の (1) において積分可能な区間内でならば，a, b, c の大小に関係なく実際は成立することに注意する.

3.2 微分積分学の基本定理

高校数学において不定積分と原始関数は「同じ」ものとして扱ってきたが両者の本来の定義を正確に述べることにしよう.

> **定義 3.2.1** （**不定積分**） 閉区間 D 上の積分可能な関数 $f(x)$ に対して，1 点 $a \in D$ を固定する. 任意の $x \in D$ に対して，a から x までの $f(x)$ の定積分を考えることができるので，関数
> $$F(x) := \int_a^x f(t)\,dt$$
> が定義できる. これを関数 $f(x)$ の**不定積分**という.

注意 3.2.2　別の 1 点 $b \in D$ に対して,

$$G(x) := \int_b^x f(t)\,dt$$

とおくとこれも関数 $f(x)$ の不定積分であるが, 注意 3.1.14 より

$$\int_a^x f(t)\,dt = \int_a^b f(t)\,dt + \int_b^x f(t)\,dt$$

だから

$$F(x) = C + G(x) \quad \left(C := \int_a^b f(t)\,dt \text{ は定数} \right)$$

したがって, 不定積分は互いに定数の差だけなので, 単に $\displaystyle\int f(x)\,dx$ と表したりする. 以下, 定積分を計算するだけならば定数の差は問題にならないので積分定数は省略する. ただし, 微分方程式を考えるときなどは積分定数が重要である.

定義 3.2.3（原始関数）　開区間 D 上の関数 $f(x)$ に対して, 関数 $F(x)$ が D 上で微分可能かつ

$$F'(x) = f(x) \quad (x \in D)$$

のとき, $F(x)$ を $f(x)$ の**原始関数**という.

「不定積分 = 原始関数」や「微分と積分は互いに逆演算」という事実は連続関数の範囲で保証される.

定理 3.2.4（微分積分学の基本定理）　関数 $f(x)$ は開区間 D 上で連続とする. このとき $f(x)$ の不定積分は原始関数である. すなわち, 1 点 $a \in D$ を固定し

$$F(x) := \int_a^x f(t)\,dt \quad (x \in D)$$

とおくと, 関数 $F(x)$ は D 上で微分可能であり,

$$F'(x) = f(x) \quad (x \in D)$$

が成立する.

関数 $G(x)$ を $f(x)$ の原始関数とすると

$$\int_a^b f(x)\,dx = [G(x)]_a^b := G(b) - G(a) \quad (b \in D)$$

が成立する．特に関数 $f(x)$ が開区間 D 上で C^1 級ならば，導関数 $f'(x)$ の不定積分は定数の違いを許せば $f(x)$ に一致する．すなわち，

$$f(x) - f(a) = \int_a^x f'(t)\,dt \quad (x \in D)$$

関数 $f(x)$ の連続性の仮定が重要なことを確かめておこう．

例 3.2.5　（不定積分が微分不可能な例）　開区間 $(-1, 1)$ 上の関数 $f(x)$ を

$$f(x) := \begin{cases} 0 & (-1 < x \le 0) \\ 1 & (0 < x < 1) \end{cases}$$

と定義する．このとき $f(x)$ の不定積分は $x = 0$ で微分可能ではないことを確かめよう．特に不定積分は原始関数になるとは限らない．

$-1 < x < 1$ に対して，定理 3.1.7（連続関数の積分可能性）と注意 3.1.8 より関数 $f(x)$ は積分可能であるので

$$F(x) := \int_0^x f(t)\,dt$$

とおくと，$-1 < x \le 0$ のとき

$$F(x) = \int_0^x 0\,dt = -\int_x^0 0\,dt = 0$$

$0 < x < 1$ のとき

$$F(x) = \int_0^x f(t)\,dt = \int_0^x 1\,dt = x \quad (\text{問 } 3.1.2 \ (1))$$

よって

$$\lim_{x \to -0} \frac{F(x) - F(0)}{x} = 0, \quad \lim_{x \to +0} \frac{F(x) - F(0)}{x} = \lim_{x \to +0} \frac{x - 0}{x} = 1$$

より，$F(x)$ は $x = 0$ で微分不可能である．

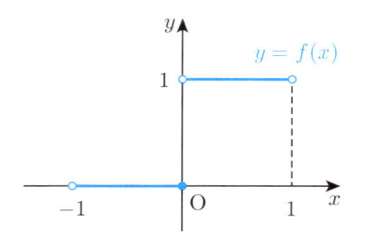 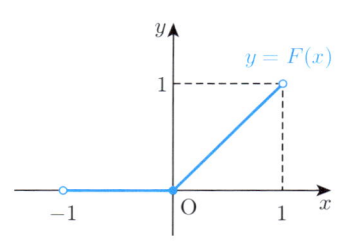

例題 3.2.6

$m \in \mathbb{N}$ とする.

(1) 次の定積分を求めよ.

$$\int_0^1 x^m \, dx$$

(2) 次の極限を求めよ.

$$\lim_{n \to \infty} \frac{1}{n^{m+1}} \sum_{k=1}^{n} k^m$$

【解答】 (1) 例 2.1.8（多項式の微分）より

$$\left(\frac{x^{m+1}}{m+1} \right)' = x^m$$

よって関数 $\frac{x^{m+1}}{m+1}$ は x^m の原始関数. 定理 3.2.4（微分積分学の基本定理）より

$$\int_0^1 x^m \, dx = \left[\frac{x^{m+1}}{m+1} \right]_0^1 = \frac{1}{m+1}$$

(2) 系 3.1.11（区分求積法）より

$$\frac{1}{n^{m+1}} \sum_{k=1}^{n} k^m = \frac{1}{n} \sum_{k=1}^{n} \left(\frac{k}{n} \right)^m \to \int_0^1 x^m \, dx = \frac{1}{m+1} \quad (n \to \infty) \qquad \square$$

問 3.2.1 次の極限値を求めよ.

(1) $\displaystyle \lim_{n \to \infty} \sum_{k=1}^{n} \frac{1}{n+k}$ (2) $\displaystyle \lim_{n \to \infty} \frac{1}{n\sqrt{n}} \sum_{k=1}^{n} \sqrt{k}$ (3) $\displaystyle \lim_{n \to \infty} \sum_{k=1}^{n} \frac{n}{n^2 + k^2}$

3.3 置換積分と部分積分

積分の計算で基本になるのは置換積分と部分積分である．どちらも高校数学ではお馴染みの計算であるが，復習しておこう．

定理 3.3.1 （置換積分と部分積分）

(1) 関数 $x(t)$ が C^1 級ならば

$$\int f(x)\,dx = \int f(x(t))x'(t)\,dt$$

(2) 関数 $f(x),\, g(x)$ が C^1 級ならば

$$\int f'(x)g(x)\,dx = f(x)g(x) - \int f(x)g'(x)\,dx$$

基本的な不定積分を列挙しておく．

例 3.3.2 次は右辺を微分することによって確かめられる（積分定数は省略）．

(1) $\displaystyle \int x^\alpha\,dx = \frac{1}{\alpha+1}x^{\alpha+1} \quad (\alpha \neq -1)$

(2) $\displaystyle \int \frac{1}{x}\,dx = \log|x|$

(3) $\displaystyle \int e^x\,dx = e^x$

(4) $\displaystyle \int \cos x\,dx = \sin x$

(5) $\displaystyle \int \sin x\,dx = -\cos x$

(6) $\displaystyle \int \frac{1}{\cos^2 x}\,dx = \tan x$

(7) $\displaystyle \int a^x\,dx = \frac{1}{\log a}a^x \quad (a > 0,\, a \neq 0)$

(8) $\displaystyle \int \log x\,dx = x\log x - x$

(9) $\displaystyle\int \frac{1}{\sqrt{a^2-x^2}}\,dx = \arcsin\left(\frac{x}{a}\right)$ $(a > 0)$

(10) $\displaystyle\int \frac{1}{\sqrt{x^2+A}}\,dx = \log|x+\sqrt{x^2+A}|$ $(A \neq 0)$

(11) $\displaystyle\int \sqrt{a^2-x^2}\,dx = \frac{1}{2}\left(x\sqrt{a^2-x^2}+a^2\arcsin\left(\frac{x}{a}\right)\right)$ $(a > 0)$

(12) $\displaystyle\int \sqrt{x^2+A}\,dx = \frac{1}{2}(x\sqrt{x^2+A}+A\log|x+\sqrt{x^2+A}|)$ $(A \neq 0)$

(13) $\displaystyle\int \frac{1}{x^2+a^2}\,dx = \frac{1}{a}\arctan\left(\frac{x}{a}\right)$ $(a \neq 0)$

(14) $\displaystyle\int \cosh x\,dx = \sinh x$

(15) $\displaystyle\int \sinh x\,dx = \cosh x$

$\square$

例題 3.3.3

次の関数の不定積分を求めよ.

(1) $x^3 e^{x^2}$　　(2) $\log(x^2+1)$

【解答】　(1)　$x^2 = t$ とおくと $2x\,dx = dt$ であるから置換積分より

$$\int x^3 e^{x^2}\,dx = \frac{1}{2}\int te^t\,dt = \frac{1}{2}\int t(e^t)'\,dt$$

$$= \frac{1}{2}te^t - \frac{1}{2}\int e^t\,dt = \frac{1}{2}(te^t - e^t) = \frac{1}{2}(x^2-1)e^{x^2}$$

(2)　$\displaystyle\int \log(x^2+1)\,dx = \int x'\log(x^2+1)\,dx$

$$= x\log(x^2+1) - 2\int \frac{x^2}{x^2+1}\,dx = x\log(x^2+1) - 2\int\left(1 - \frac{1}{x^2+1}\right)dx$$

$$= x\log(x^2+1) - 2x + 2\arctan x$$

$\square$

注意 3.3.4　定理 3.2.4（微分積分学の基本定理）より求めた不定積分は微分をすることによって元に戻るはずなので，必ず検算しておこう.

(1) $\left\{\dfrac{1}{2}(x^2-1)e^{x^2}\right\}' = xe^{x^2} + x(x^2-1)e^{x^2} = x^3 e^{x^2}$

(2) $\left(x\log(x^2+1) - 2x + 2\arctan x\right)' = \log(x^2+1) + \dfrac{2x^2}{x^2+1} - 2 + \dfrac{2}{x^2+1}$

$$= \log(x^2+1)$$

問 3.3.1 次の関数の不定積分を求めよ.

(1) $\dfrac{1}{\sqrt{1-x-x^2}}$ (2) $\sin x \sin(3x)$ (3) $\sinh^2 x$

次に積分で与えられる漸化式について考える.

― 例題 3.3.5 ―

$n \in \mathbb{N}$, $a, b \in \mathbb{R}$, $b \neq 0$ に対して

$$I_n := \int \frac{x}{\{(x-a)^2 + b^2\}^n}\, dx, \quad J_n := \int \frac{1}{\{(x-a)^2+b^2\}^n}\, dx$$

とおくとき, 次の漸化式を示せ.

(1) $I_1 = \dfrac{1}{2}\log((x-a)^2 + b^2) + aJ_1$

(2) $J_1 = \dfrac{1}{b}\arctan\left(\dfrac{x-a}{b}\right)$

(3) $I_n = \dfrac{1}{2(1-n)}\dfrac{1}{\{(x-a)^2+b^2\}^{n-1}} + aJ_n \quad (n \geq 2)$

(4) $J_n = \dfrac{1}{2(n-1)b^2}\left[\dfrac{x-a}{\{(x-a)^2+b^2\}^{n-1}} + (2n-3)J_{n-1}\right] \quad (n \geq 2)$

【解答】 (1) $I_1 = \displaystyle\int \frac{x}{(x-a)^2+b^2}\, dx$

$$= \frac{1}{2}\int \frac{\{(x-a)^2+b^2\}'}{(x-a)^2+b^2}\, dx + a\int \frac{1}{(x-a)^2+b^2}\, dx$$

$$= \frac{1}{2}\log((x-a)^2+b^2) + aJ_1$$

(2) $J_1 = \displaystyle\int \frac{1}{(x-a)^2+b^2}\, dx \quad (t = x - a)$

$$= \int \frac{1}{t^2+b^2}\, dt = \frac{1}{b}\arctan\left(\frac{t}{b}\right) = \frac{1}{b}\arctan\left(\frac{x-a}{b}\right)$$

(3)　$I_n = \displaystyle\int \frac{x}{\{(x-a)^2 + b^2\}^n}\, dx$

　　　　$= \displaystyle\frac{1}{2}\int \frac{\{(x-a)^2 + b^2\}'}{\{(x-a)^2 + b^2\}^n}\, dx + a\int \frac{1}{\{(x-a)^2 + b^2\}^n}\, dx$

　　　　$= \displaystyle\frac{1}{2}\frac{1}{\{(x-a)^2 + b^2\}^{n-1}} + nI_n + (1-n)aJ_n$

より

$$I_n = \frac{1}{2(1-n)}\frac{1}{\{(x-a)^2 + b^2\}^{n-1}} + aJ_n$$

(4)　$J_{n-1} = \displaystyle\int \frac{(x-a)'}{\{(x-a)^2 + b^2\}^{n-1}}\, dx$

　　　　$= \displaystyle\frac{x-a}{\{(x-a)^2 + b^2\}^{n-1}} + 2(n-1)\int \frac{(x-a)^2}{\{(x-a)^2 + b^2\}^n}\, dx$

　　　　$= \displaystyle\frac{x-a}{\{(x-a)^2 + b^2\}^{n-1}} + 2(n-1)J_{n-1} - 2(n-1)b^2 J_n$

したがって

$$J_n = \frac{1}{2(n-1)b^2}\left[\frac{x-a}{\{(x-a)^2 + b^2\}^{n-1}} + (2n-3)J_{n-1}\right] \qquad \square$$

　以上により，I_n や J_n の形の積分は帰納的に順次計算することができる．これは定理 3.4.1（有理関数の積分）で用いる．

問 3.3.2　次の漸化式を示せ．

(1)　$\displaystyle\int \cos^n x\, dx = \frac{1}{n}\cos^{n-1} x \sin x + \frac{n-1}{n}\int \cos^{n-2} x\, dx \quad (n \geq 2)$

(2)　$\displaystyle\int \sin^n x\, dx = -\frac{1}{n}\sin^{n-1} x \cos x + \frac{n-1}{n}\int \sin^{n-2} x\, dx \quad (n \geq 2)$

(3)　$\displaystyle\int (\log x)^n\, dx = x(\log x)^n - n\int (\log x)^{n-1}\, dx \quad (n \geq 1)$

問 3.3.3　前問を利用して次の関数の不定積分を求めよ．

(1)　$\cos^5 x$　　　(2)　$\sin^6 x$　　　(3)　$(\log x)^3$

3.4 不定積分の計算

一般の有理関数の不定積分について議論する．有理関数の不定積分は部分分数に分解して求める方法が基本である．

まず有理関数 $\frac{p(x)}{q(x)}$（$p(x)$, $q(x)$ は x の多項式）は以下の関数の1次結合で表されることがわかる（**部分分数分解**）：

(1)　x の多項式

(2)　$\dfrac{1}{(x-a)^n}$　$(a \in \mathbb{R},\ n \in \mathbb{N})$

(3)　$\dfrac{cx+d}{\{(x-a)^2+b^2\}^n}$　$(a,b,c,d \in \mathbb{R},\ b > 0,\ n \in \mathbb{N})$

ただし，$(x-a)^n$, $\{(x-a)^2+b^2\}^n$ は $q(x)$ を割り切る．

したがってそれぞれの形の関数の不定積分を求めることができれば，すべての有理関数の不定積分を計算できることがわかる．(1) と (2) についてはすでにわかっている．(3) については例題 3.3.5 で考察したので，まとめると以下の結論を得る．

定理 3.4.1　（**有理関数の積分**）　有理関数の不定積分は次の形の関数の1次結合で表される．

(1)　有理関数

(2)　$\arctan(ax+b)$　　$(a, b \in \mathbb{R})$

(3)　$\log|ax^2+bx+c|$　$(a, b, c \in \mathbb{R})$

例題 3.4.2

次の関数の不定積分を求めよ．

(1)　$\dfrac{3x^4 + 3x^3 + 3x^2 + 2x + 1}{x^2 + x + 1}$

(2)　$\dfrac{3x^2 + 3x + 2}{x^3 + x^2 + x + 1}$

【解答】　(1)

$$\int \frac{3x^4 + 3x^3 + 3x^2 + 2x + 1}{x^2 + x + 1}\, dx = \int \left(3x^2 + \frac{2x + 1}{x^2 + x + 1} \right) dx$$

$$= 3\int x^2\, dx + \int \frac{(x^2 + x + 1)'}{x^2 + x + 1}\, dx = x^3 + \log(x^2 + x + 1)$$

(2)　$\dfrac{3x^2 + 3x + 2}{(x + 1)(x^2 + 1)} = \dfrac{A}{x + 1} + \dfrac{Bx + C}{x^2 + 1}$

とおき,

$$3x^2 + 3x + 2 = A(x^2 + 1) + (Bx + C)(x + 1)$$

が恒等式となるように定数 A, B, C を求めればよい. 代入法を用いれば簡単に求まる. 例えば, $x = -1$ とすると $A = 1$. 次に $x = 0$ とすると $C = 1$. よって $B = 2$ を得る.

したがって,

$$\int \frac{3x^2 + 3x + 2}{(x + 1)(x^2 + 1)}\, dx = \int \left(\frac{1}{x + 1} + \frac{2x}{x^2 + 1} + \frac{1}{x^2 + 1} \right) dx$$

$$= \int \frac{dx}{x + 1} + \int \frac{(x^2 + 1)'}{x^2 + 1}\, dx + \int \frac{dx}{x^2 + 1}$$

$$= \log|x + 1| + \log(x^2 + 1) + \arctan x$$

$$= \log|x^3 + x^2 + x + 1| + \arctan x \qquad \Box$$

問 3.4.1　次の有理関数の不定積分を求めよ.

(1)　$\dfrac{2x^3 + 1}{x^2 + 1}$　　(2)　$\dfrac{1}{x(x^2 + 1)^2}$　　(3)　$\dfrac{1}{x^3 + 1}$

次に置換積分することによって有理関数の積分に帰着できる代表的な例をいくつか紹介する. 以下, $R(x)$ は x に関する有理関数, $R(x, y)$ は x, y に関する有理関数とする.

(a)　$\displaystyle \int R\left(x, \sqrt[n]{\frac{ax + b}{cx + d}} \right) dx \ (ad \neq bc,\ n \geq 2)$ は

$$t = \sqrt[n]{\frac{ax + b}{cs + d}}$$

とおくと有理関数の積分に帰着できる.

──── 例題 **3.4.3** ────

次の関数の不定積分を求めよ.

$$\frac{1}{x}\sqrt{\frac{1-x}{1+x}}$$

【解答】 $t = \sqrt{\frac{1-x}{1+x}}$ とおくと

$$x = \frac{1-t^2}{1+t^2}, \quad dx = \frac{-4t}{(1+t^2)^2}\,dt$$

であるから置換積分より

$$\int \frac{1}{x}\sqrt{\frac{1-x}{1+x}}\,dx = \int \frac{1+t^2}{1-t^2}\cdot t \cdot \frac{-4t}{(1+t^2)^2}\,dt$$

$$= \int \frac{-4t^2}{(1-t^2)(1+t^2)}\,dt = \int \left(\frac{2}{1+t^2} - \frac{1}{1-t} - \frac{1}{1+t}\right)dt$$

$$= 2\arctan t + \log|1-t| - \log|1+t|$$

$$= 2\arctan\left(\sqrt{\frac{1-x}{1+x}}\right) + \log\left|\frac{\sqrt{1+x}-\sqrt{1-x}}{\sqrt{1+x}+\sqrt{1-x}}\right| \qquad \Box$$

問 3.4.2 次の関数の不定積分を求めよ.

(1) $x\sqrt{1+x}$ (2) $\dfrac{1}{x+\sqrt{x-1}}$ (3) $x\sqrt{\dfrac{1+x^2}{1-x^2}}$

(b) $\displaystyle\int R(x, \sqrt{ax^2+bx+c})\,dx$ に対して，もし $a > 0$ ならば

$$t - \sqrt{a}x = \sqrt{ax^2+bx+c}$$

とおくと有理関数の積分に帰着できる．またもし $a < 0,\ b^2 - 4ac > 0$ ならば，

$$ax^2 + bx + c = a(x-\alpha)(x-\beta) \quad (\alpha < \beta)$$

とすると

$$\sqrt{ax^2+bx+c} = \sqrt{-a}(\beta-x)\sqrt{\frac{x-\alpha}{\beta-x}}$$

となるので (a) の場合になる.

─── **例題 3.4.4** ───

次の関数の不定積分を求めよ.

(1) $\dfrac{1}{x\sqrt{x^2+x-1}}$　　(2) $\dfrac{x}{\sqrt{2+x-x^2}}$

【解答】 (1) $t - x = \sqrt{x^2+x-1}$ とおくと

$$x = \frac{t^2+1}{2t+1}, \quad dx = \frac{2t^2+2t-2}{(2t+1)^2}\,dt$$

であるから置換積分より

$$\int \frac{1}{x\sqrt{x^2+x-1}}\,dx = \int \frac{1}{\frac{t^2+1}{2t+1}\frac{t^2+t-1}{2t+1}}\frac{2t^2+2t-2}{(2t+1)^2}\,dt$$

$$= \int \frac{2}{t^2+1}\,dt = 2\arctan t = 2\arctan(\sqrt{x^2+x-1}+x)$$

(2) $\sqrt{2+x-x^2} = \sqrt{(x+1)(2-x)} = (2-x)\sqrt{\dfrac{x+1}{2-x}}$

だから $t = \sqrt{\dfrac{x+1}{2-x}}$ とおくと

$$x = \frac{2t^2-1}{t^2+1}, \quad dx = \frac{6t}{(t^2+1)^2}\,dt$$

であるから置換積分より

$$\int \frac{x}{\sqrt{2+x-x^2}}\,dx = \int \frac{2t^2-1}{t^2+1}\frac{t^2+1}{3t}\frac{6t}{(t^2+1)^2}\,dt$$

$$= 2\int \frac{2t^2-1}{(t^2+1)^2}\,dt = 4\int \frac{dt}{t^2+1} - 6\int \frac{1}{(t^2+1)^2}\,dt$$

$$= 4\arctan t - 6\left\{ \frac{t}{2(t^2+1)} + \frac{1}{2}\arctan t \right\} \quad \text{(例題 3.3.5)}$$

$$= \arctan t - \frac{3t}{t^2+1} = \arctan\left(\sqrt{\frac{x+1}{2-x}} \right) - \sqrt{2+x-x^2} \qquad \square$$

問 3.4.3 次の関数の不定積分を求めよ.

(1) $\dfrac{1}{(x-1)\sqrt{x^2+x+1}}$　　(2) $\dfrac{x}{\sqrt{-2+3x-x^2}}$

(c) $\displaystyle\int R(\cos x, \sin x)\, dx$ のとき, $t = \tan\left(\dfrac{x}{2}\right)$ とおくと有理関数の積分に帰着できる.

── 例題 3.4.5 ─────────

次の関数の不定積分を求めよ.

$$\frac{1}{\cos x + \sin x}$$

【解答】 $t = \tan\left(\dfrac{x}{2}\right)$ とおくと

$$\cos x = \frac{1 - t^2}{1 + t^2}, \quad \sin x = \frac{2t}{1 + t^2}, \quad dx = \frac{2}{1 + t^2}\, dt$$

であるから置換積分より

$$
\begin{aligned}
\int \frac{1}{\cos x + \sin x}\, dx &= -2 \int \frac{1}{t^2 - 2t - 1}\, dt \\
&= -\frac{1}{\sqrt{2}} \int \left(\frac{1}{t - 1 - \sqrt{2}} - \frac{1}{t - 1 + \sqrt{2}} \right) dt \\
&= -\frac{1}{\sqrt{2}} \log\left| \frac{t - 1 - \sqrt{2}}{t - 1 + \sqrt{2}} \right| \\
&= -\frac{1}{\sqrt{2}} \log\left| \frac{\tan\left(\frac{x}{2}\right) - 1 - \sqrt{2}}{\tan\left(\frac{x}{2}\right) - 1 + \sqrt{2}} \right|
\end{aligned}
$$

$\square$

問 3.4.4 次の関数の不定積分を求めよ.

(1) $\dfrac{1}{2 + \cos x}$

(2) $\dfrac{1 - a\cos x}{1 - 2a\cos x + a^2} \quad (a \in \mathbb{R})$

(d) $\displaystyle\int R(\cos^2 x, \sin^2 x)\,dx$ のとき，$t = \tan x$ とおくと有理関数の積分に帰着できる．

── 例題 3.4.6 ────────────────

次の関数の不定積分を求めよ．

$$\frac{1}{a^2 \cos^2 x + b^2 \sin^2 x} \quad (ab \neq 0)$$

【解答】 $\tan x = t$ とおくと

$$\cos^2 x = \frac{1}{1+t^2}, \quad \sin^2 x = \frac{t^2}{1+t^2}, \quad dx = \frac{1}{1+t^2}\,dt$$

であるから置換積分より

$$\int \frac{1}{a^2 \cos^2 x + b \sin^2 x}\,dx = \int \frac{1}{a^2 + b^2 t^2}\,dt$$

$$= \frac{1}{b^2}\int \frac{1}{\left(\frac{a}{b}\right)^2 + t^2}\,dt = \frac{1}{ab}\arctan\left(\frac{bt}{a}\right) = \frac{1}{ab}\arctan\left(\frac{b}{a}\tan x\right) \qquad \square$$

問 3.4.5 次の関数の不定積分を求めよ．

(1) $\dfrac{\sin^2 x}{1 + 3\cos^2 x}$ 　　 (2) $\tan^2 x$

注意 3.4.7 積分の求め方は 1 通りではないことに注意．例えば $\int \frac{\sin x}{\cos^3 x}\,dx$ を考えると

$$t = \cos x, \quad dt = -\sin x\,dx$$

と置換すれば $\displaystyle\int \frac{\sin x}{\cos^3 x}\,dx = -\int \frac{1}{t^3}\,dt = \frac{1}{2t^2} = \frac{1}{2\cos^2 x}$

一方，

$$t = \tan x, \quad dt = \frac{dx}{\cos^2 x}$$

と置換すれば $\displaystyle\int \frac{\sin x}{\cos^3 x}\,dx = \int \frac{\tan x}{\cos^2 x}\,dx = \int t\,dt = \frac{t^2}{2} = \frac{\tan^2 x}{2}$

このように見かけは異なるが一般に定数の違いは起こりうる．実際，

$$\tan^2 x + 1 = \frac{1}{\cos^2 x}$$

より両者は定数の違いしかないことが確認できる．

3.5 広 義 積 分

これまで議論してきた閉区間上の有界関数の積分を無限区間上の積分や非有界関数の積分に拡張する.

定義 3.5.1 (広義積分)

(1) $[a, \infty)$ 上の連続関数 $f(x)$ に対して, 極限

$$\lim_{t \to \infty} \int_a^t f(x)\,dx$$

が存在するとき, $f(x)$ は $[a, \infty)$ 上で**広義積分可能または広義積分が収束する**といい, この極限を

$$\int_a^\infty f(x)\,dx$$

とかく. 同様に $(-\infty, b]$ 上の連続関数 $f(x)$ に対しても

$$\int_{-\infty}^b f(x)\,dx$$

を定義する. また $(-\infty, \infty)$ 上の連続関数 $f(x)$ に対して, 広義積分

$$\int_c^\infty f(x)\,dx \quad \text{と} \quad \int_{-\infty}^c f(x)\,dx \quad (c \in \mathbb{R})$$

が共に存在するとき

$$\int_{-\infty}^\infty f(x)\,dx := \int_{-\infty}^c f(x)\,dx + \int_c^\infty f(x)\,dx$$

と定義する.

(2) $(a, b]$ 上の非有界な連続関数 $f(x)$ に対して, 極限

$$\lim_{\varepsilon \to +0} \int_{a+\varepsilon}^b f(x)\,dx$$

が存在するとき, $f(x)$ は $(a, b]$ 上で**広義積分可能または広義積分が収束する**といい, この極限を

$$\int_a^b f(x)\,dx$$

とかく. 同様に $[a,b)$ 上の非有界な連続関数 $f(x)$ に対しても

$$\int_a^b f(x)\,dx$$

を定義する. また (a,b) 上の非有界な連続関数 $f(x)$ に対して, 広義積分

$$\int_a^c f(x)\,dx \quad \text{と} \quad \int_c^b f(x)\,dx \quad (a < c < b)$$

が共に存在するとき

$$\int_a^b f(x)\,dx := \int_a^c f(x)\,dx + \int_c^b f(x)\,dx$$

と定義する.

次の広義積分の収束性は今後の広義積分を考える上で最も基本となるものである.

例題 3.5.2

次の広義積分の収束性を判定せよ $(\alpha > 0)$.

(1) $\displaystyle\int_1^\infty \frac{1}{x^\alpha}\,dx$ 　　　(2) $\displaystyle\int_0^1 \frac{1}{x^\alpha}\,dx$

【解答】　(1)　$t > 1$ とする. $\alpha \neq 1$ のとき

$$\int_1^t \frac{1}{x^\alpha}\,dx = \left[\frac{x^{1-\alpha}}{1-\alpha}\right]_1^t = \frac{t^{1-\alpha}-1}{1-\alpha} \to \begin{cases} \dfrac{1}{\alpha-1} & (\alpha > 1) \\ \infty & (0 < \alpha < 1) \end{cases}$$

$\alpha = 1$ のとき $\displaystyle\int_1^t \frac{1}{x}\,dx = [\log x]_1^t = \log t \to \infty \ (t \to \infty)$.

よって $0 < \alpha \le 1$ のとき発散して, $\alpha > 1$ のとき収束する.

(2)　$0 < \varepsilon < 1$ とする. $\alpha \neq 1$ のとき

$$\int_\varepsilon^1 \frac{1}{x^\alpha}\,dx = \left[\frac{x^{1-\alpha}}{1-\alpha}\right]_\varepsilon^1 = \frac{1-\varepsilon^{1-\alpha}}{1-\alpha} \to \begin{cases} \dfrac{1}{1-\alpha} & (0 < \alpha < 1) \\ \infty & (\alpha > 1) \end{cases}$$

$\alpha = 1$ のとき $\displaystyle\int_\varepsilon^1 \frac{1}{x}\,dx = [\log x]_\varepsilon^1 = -\log \varepsilon \to \infty \ (\varepsilon \to +0)$.

よって $0 < \alpha < 1$ のとき収束して, $\alpha \ge 1$ のとき発散する.

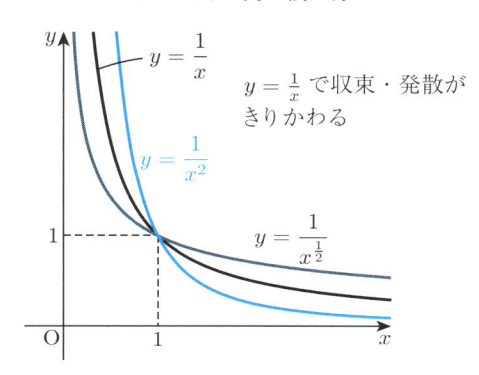

問 **3.5.1**　次の広義積分の収束性を判定せよ.

(1) $\displaystyle\int_0^\infty e^{\alpha x}\,dx$　$(\alpha \in \mathbb{R})$　　　(2) $\displaystyle\int_0^1 \log x\,dx$

　ここまでのように不定積分が求まれば, 広義積分の収束・発散の判定は関数の極限の問題に帰着される. しかし不定積分を具体的に求めることは難しい場合が多い. これから不定積分を求めずに広義積分の収束性を議論しよう.

定理 3.5.3（**広義積分の比較判定法**）　$[a, \infty)$ 上の連続関数 $f(x),\ g(x)$ が $0 \le f(x) \le g(x)\ (a \le x)$ をみたすとき,

(1) $\displaystyle\int_a^\infty g(x)\,dx$ が収束するならば $\displaystyle\int_a^\infty f(x)\,dx$ も収束する.

(2) $\displaystyle\int_a^\infty f(x)\,dx$ が発散するならば $\displaystyle\int_a^\infty g(x)\,dx$ も発散する.

　一般に $[a, \infty)$ 上の連続関数 $f(x)$ に対して $\displaystyle\int_a^\infty |f(x)|\,dx$ が収束するとき, **絶対収束**するといい, $\displaystyle\int_a^\infty |f(x)|\,dx < \infty$ と表す. このとき $\displaystyle\int_a^\infty f(x)\,dx$ も収束する.

　他の区間の場合 $(-\infty, b],\ [a, b),\ (a, b]$ などのときも同様に成立する.

例えば広義積分 $\displaystyle\int_a^\infty f(x)\,dx$ の収束性を知りたければ，仮定をみたす「良い」関数 $g(x)$ を 1 つ見つければよい．このような関数 $g(x)$ を**優関数**ということもある．この優関数として例題 3.5.2 で扱った関数を使うことが多い．

── 例題 3.5.4 ───────────────

次の広義積分が収束することを証明せよ．
$$\int_0^\infty e^{-x^2}\,dx$$

【解答】　まず広義積分かどうか確認が必要であるが，無限区間なので明らか．例 2.3.2 より
$$x^2 \ll e^{x^2} \quad (x \to \infty)$$
だから
$$\lim_{x \to \infty} x^2 e^{-x^2} = \lim_{x \to \infty} \frac{x^2}{e^{x^2}} = 0$$
特に，$\varepsilon = 1$ に対して
$$\exists a > 0, \; x \geq a \;\Rightarrow\; e^{-x^2} \leq \frac{1}{x^2}$$
そこで $t > a$ のとき
$$\int_0^t e^{-x^2}\,dx = \int_0^a e^{-x^2}\,dx + \int_a^t e^{-x^2}\,dx$$
と分けて考えると，右辺第 1 項は連続関数 e^{-x^2} の閉区間 $[0, a]$ 上の定積分なので定理 3.1.7（連続関数の積分可能性）より確かに存在する．また
$$0 \leq e^{-x^2} \leq \frac{1}{x^2} \quad (x \geq a)$$
である．例題 3.5.2 より
$$\int_a^\infty \frac{1}{x^2}\,dx$$
は収束する．したがって定理 3.5.3（広義積分の比較判定法）を適用すれば右辺第 2 項の広義積分は収束することがわかる．　　　　　　　　　　　　　□

問 3.5.2　次の広義積分の収束・発散を調べよ．

(1) $\displaystyle\int_0^\infty \frac{1}{\sqrt{x^3 + 1}}\,dx$ 　　(2) $\displaystyle\int_0^\infty \frac{\sin^2 x}{x^2 + 1}\,dx$ 　　(3) $\displaystyle\int_0^1 \frac{1}{\sqrt{x^2 + x}}\,dx$

広義積分 $\displaystyle\int_a^\infty f(x)\,dx$ が収束することを確かめるために絶対収束するかどうかを調べる方法もあるが，十分条件であって必要条件ではないことに注意しよう．次の例題はそのような例を与える．

――― 例題 3.5.5 ―――

広義積分 $\displaystyle\int_0^\infty \frac{\sin x}{x}\,dx$ は収束するが，絶対収束しないことを示せ．

【解答】 広義積分 $\displaystyle\int_0^\infty \frac{\sin x}{x}\,dx$ が収束することを確かめる．

$$\int_0^\infty \frac{\sin x}{x}\,dx = \int_0^1 \frac{\sin x}{x}\,dx + \int_1^\infty \frac{\sin x}{x}\,dx$$

と分けて考える．右辺第 1 項は，

$$f(x) := \begin{cases} \dfrac{\sin x}{x} & (0 < x \le 1) \\ 1 & (x = 0) \end{cases}$$

とおくと例 1.5.11 より

$$\lim_{x \to 0} \frac{\sin x}{x} = 1$$

であるから，関数 $f(x)$ は $[0,1]$ で連続である．よって定理 3.1.7（連続関数の積分可能性）より右辺第 1 項は通常の連続関数の定積分とみなせる．次に右辺第 2 項を考える．$t > 1$ に対して

$$\begin{aligned}
\int_1^t \frac{\sin x}{x}\,dx &= \int_1^t \frac{(-\cos x)'}{x}\,dx \\
&= \left[-\frac{\cos x}{x} \right]_1^t - \int_1^t \frac{\cos x}{x^2}\,dx \\
&= -\frac{\cos t}{t} + \cos 1 - \int_1^t \frac{\cos x}{x^2}\,dx
\end{aligned}$$

となる．ここで広義積分 $\displaystyle\int_1^\infty \frac{\cos x}{x^2}\,dx$ を考えると

$$\left| \frac{\cos x}{x^2} \right| \le \frac{1}{x^2} \quad (x \ge 1)$$

かつ例題 3.5.2 より

$$\int_1^\infty \frac{1}{x^2}\,dx$$

は収束する．したがって定理 3.5.3（広義積分の比較判定法）を適用すれば，広義積分

$$\int_1^\infty \left| \frac{\cos x}{x^2} \right| dx$$

は収束する．つまり絶対収束するので，

$$\int_1^\infty \frac{\cos x}{x^2}\, dx$$

も収束する．したがって

$$\int_1^t \frac{\sin x}{x}\, dx \to \cos 1 - \int_1^\infty \frac{\cos x}{x^2}\, dx \quad (t \to \infty)$$

より広義積分 $\displaystyle\int_1^\infty \frac{\sin x}{x}\, dx$ も収束する．

次に $\displaystyle\int_1^\infty \frac{\sin x}{x}\, dx$ が絶対収束しないことを示す．$n \in \mathbb{N}$ に対して

$$
\begin{aligned}
\int_0^{n\pi} \frac{|\sin x|}{x}\, dx &= \sum_{k=1}^n \int_{(k-1)\pi}^{k\pi} \frac{|\sin x|}{x}\, dx \\
&> \sum_{k=1}^n \frac{1}{k\pi} \int_{(k-1)\pi}^{k\pi} |\sin x|\, dx \\
&= \frac{2}{\pi} \sum_{k=1}^n \frac{1}{k} \\
&> \frac{2}{\pi} \sum_{k=1}^n \int_k^{k+1} \frac{dx}{x} \\
&= \frac{2}{\pi} \int_1^{n+1} \frac{dx}{x} \\
&= \frac{2}{\pi} \log(n+1) \to \infty \quad (n \to \infty)
\end{aligned}
$$

よって $\displaystyle\int_1^\infty \frac{|\sin x|}{x}\, dx = \infty$. □

3.6 広義積分の応用

広義積分の応用として級数の収束性との関係を紹介する.

> **定理 3.6.1**（**広義積分と級数の関係**）　関数 $f(x)$ は $[1, \infty)$ 上で単調減少かつ $f(x) \geq 0$ とするとき,
>
> $$\int_1^\infty f(x)\,dx < \infty \iff \sum_{n=1}^\infty f(n) < \infty$$

例題 3.6.2

級数 $\displaystyle \sum_{n=1}^\infty \frac{1}{n^\alpha}$ の収束・発散を判定せよ $(\alpha > 0)$.

【解答】

$$f(x) := \frac{1}{x^\alpha}$$

とおくと例題 3.5.2 と定理 3.6.1（広義積分と級数の関係）より

$$\sum_{n=1}^\infty \frac{1}{n^\alpha} = \begin{cases} 収束 & (\alpha > 1) \\ 発散 & (0 < \alpha \leq 1) \end{cases}$$

□

問 3.6.1　次の級数の収束・発散を判定せよ.

(1) $\displaystyle \sum_{n=1}^\infty \frac{1}{\sqrt{n^3 + 1}}$

(2) $\displaystyle \sum_{n=2}^\infty \frac{1}{n \log n}$

(3) $\displaystyle \sum_{n=2}^\infty \frac{\log n}{n^\alpha} \quad (\alpha > 0)$

応用上，重要な特殊関数であるガンマ関数とベータ関数を紹介する．共に広義積分によって定義される関数である．

定義 3.6.3

(1) $s > 0$ のとき

$$\Gamma(s) := \int_0^\infty e^{-x} x^{s-1}\, dx$$

と定義し，**ガンマ関数**という．

(2) $p > 0, q > 0$ のとき

$$B(p, q) := \int_0^1 x^{p-1}(1-x)^{q-1}\, dx$$

と定義し，**ベータ関数**という．

ガンマ関数とベータ関数は以下の性質をもつ．(5) と (6) は重積分を用いて第 6 章で証明する（例題 6.3.4）．

定理 3.6.4 （ガンマ関数とベータ関数の性質） $s, p, q > 0,\ m, n \in \mathbb{N}$ とする．

(1) $\Gamma(s+1) = s\Gamma(s),\ \Gamma(1) = 1$

特に $\Gamma(n+1) = n!$

(2) $B(p, q) = B(q, p)$

(3) $B(p+1, q) = \dfrac{p}{p+q} B(p, q),\ B(p, q+1) = \dfrac{q}{p+q} B(p, q)$

特に $B(m, n) = \dfrac{(m-1)!\,(n-1)!}{(m+n-1)!}\quad (m, n \in \mathbb{N})$

(4) $B(1, 1) = 1,\ B\!\left(\dfrac{1}{2}, \dfrac{1}{2}\right) = \pi$

(5) $\Gamma\!\left(\dfrac{1}{2}\right) = \sqrt{\pi}$

(6) $B(p, q) = \dfrac{\Gamma(p)\Gamma(q)}{\Gamma(p+q)}$

ガンマ関数とベータ関数のこれらの性質を使って，いくつかの広義積分の値を具体的に求めてみよう．

例題 3.6.5

次の積分の値を求めよ．

(1) $\displaystyle\int_0^\infty x^n e^{-x}\,dx \quad (n \in \mathbb{N})$

(2) $\displaystyle\int_0^a \sqrt{x(a-x)^5}\,dx \quad (a \in \mathbb{R})$

【解答】 (1)

$$\int_0^\infty x^n e^{-x}\,dx = \Gamma(n+1) = n!$$

(2)

$$\int_0^a \sqrt{x(a-x)^5}\,dx = a^4 \int_0^1 t^{\frac{1}{2}}(1-t)^{\frac{5}{2}}\,dt \quad (x = at,\ dx = a\,dt)$$

$$= a^4 B\left(\frac{3}{2}, \frac{7}{2}\right) = a^4 \frac{\Gamma\left(\frac{3}{2}\right)\Gamma\left(\frac{7}{2}\right)}{\Gamma(5)}$$

$$= a^4 \frac{\dfrac{1}{2}\sqrt{\pi} \cdot \dfrac{5}{2} \cdot \dfrac{3}{2} \cdot \dfrac{1}{2} \cdot \sqrt{\pi}}{4!}$$

$$= \frac{5a^4}{128}\pi \qquad\qquad \square$$

問 3.6.2 次の積分の値を求めよ．

(1) $\displaystyle\int_0^\infty x e^{-\sqrt{x}}\,dx$

(2) $\displaystyle\int_0^2 \frac{x^3}{\sqrt{2-x}}\,dx$

(3) $\displaystyle\int_0^\infty x^{n-\frac{1}{2}} e^{-x}\,dx \quad (n \in \mathbb{N})$

三角関数の積分はベータ関数を用いて表すことができる.

命題 3.6.6　$p, q > -1$ とする.

$$\int_0^{\frac{\pi}{2}} \sin^p \theta \cos^q \theta \, d\theta = \frac{1}{2} B\left(\frac{p+1}{2}, \frac{q+1}{2}\right)$$

── 例題 3.6.7 ──

積分 $\displaystyle\int_0^{\frac{\pi}{2}} \sin^4 \theta \cos^2 \theta \, d\theta$ を計算せよ.

【解答】

$$\begin{aligned}
\int_0^{\frac{\pi}{2}} \sin^4 \theta \cos^2 \theta \, d\theta &= \frac{1}{2} B\left(\frac{5}{2}, \frac{3}{2}\right) \\
&= \frac{1}{2} \frac{\Gamma\left(\frac{5}{2}\right)\Gamma\left(\frac{3}{2}\right)}{\Gamma(4)} \\
&= \frac{\pi}{32}
\end{aligned}$$

$\square$

問 3.6.3　次の定積分を計算せよ.

(1)　$\displaystyle\int_0^{\frac{\pi}{2}} \sin^4 \theta \cos^4 \theta \, d\theta$

(2)　$\displaystyle\int_0^{\frac{\pi}{2}} \sin^5 \theta \cos^6 \theta \, d\theta$

(3)　$\displaystyle\int_0^{\frac{\pi}{2}} \sin^8 \theta \cos^7 \theta \, d\theta$

演 習 問 題

演習 3.1 閉区間 $[a, b]$ 上で連続な関数 $f(x)$ に対して,

$$\int_a^b f(x)\, dx = f(c)(b - a)$$

をみたす点 $c \in (a, b)$ が存在することを示せ.

演習 3.2 関数 $f(x)$ が連続, $g(x)$ が微分可能のとき次を示せ.

$$\frac{d}{dx}\left(\int_a^{g(x)} f(t)\, dt\right) = f(g(x))g'(x)$$

演習 3.3 開区間 I 上で C^n 級な関数 $f(x)$ に対して次を示せ.

$$f(b) = \sum_{k=0}^{n-1} \frac{f^{(k)}(a)}{k!}(b - a)^k + \frac{1}{(n-1)!}\int_a^b (b - x)^{n-1} f^{(n)}(x)\, dx$$

$$(a, b \in I,\ a < b)$$

演習 3.4 次の関数の不定積分を求めよ.

(1) $\dfrac{1}{x^4 - 1}$　　(2) $\dfrac{1}{x^4 + 1}$　　(3) $\sqrt{\dfrac{a + x}{a - x}}$　$(a \in \mathbb{R})$

(4) $\dfrac{1}{x + \sqrt{x - 1}}$　　(5) $\dfrac{1}{(x + 1)\sqrt{-6 + 5x - x^2}}$

(6) $\dfrac{1}{\sqrt{ax^2 - bx}}$　$(a > 0,\ b \in \mathbb{R})$　　(7) $\dfrac{1}{x \log x}$

(8) $\dfrac{1}{e^x + e^{-x}}$　　(9) $\dfrac{1}{5 - 4\sin x}$　　(10) $\dfrac{\sin^2 x}{4 + \cos^2 x}$

(11) $\arcsin x$　　(12) $\arctan x$

演習 3.5 次の漸化式を示せ $(n \geq 2)$.

(1) $\displaystyle\int \tan^n x\, dx = \frac{1}{n - 1} \tan^{n-1} x - \int \tan^{n-2} x\, dx$

(2)

$$\int (\arcsin x)^n\, dx$$

$$= x(\arcsin x)^n + n\sqrt{1 - x^2}(\arcsin x)^{n-1} - n(n - 1)\int (\arcsin x)^{n-2}\, dx$$

演習 3.6 次の広義積分の収束・発散を判定せよ.

(1) $\displaystyle\int_0^\infty \frac{x^{\alpha-1}}{1 + x}\, dx$　$(\alpha > 0)$

(2) $\displaystyle\int_0^1 \frac{\log x}{x^{\alpha}}\,dx \quad (\alpha > 0)$

(3) $\displaystyle\int_e^{\infty} \frac{1}{x(\log x)^{\alpha}}\,dx \quad (\alpha > 0)$

(4) $\displaystyle\int_{\pi}^{\infty} \frac{\cos x}{\log x}\,dx$

(5) $\displaystyle\int_0^{\frac{\pi}{2}} \log(\sin x)\,dx$

(6) $\displaystyle\int_0^{\infty} \frac{x}{e^x - 1}\,dx$

演習 3.7　広義積分 $\displaystyle\int_0^{\infty} \frac{\sin x}{x^{\alpha}}\,dx$ について，次を証明せよ.

(1) $1 < \alpha < 2$ のとき絶対収束する.

(2) $0 < \alpha \leq 1$ のとき収束するが絶対収束しない.

演習 3.8　広義積分で定義されたガンマ関数 $\Gamma(s)$ とベータ関数 $B(p,q)$ が収束することを示せ.

演習 3.9　定理 3.6.4（ガンマ関数とベータ関数の性質）の (1), (2), (3), (4) を示せ.

演習 3.10　命題 3.6.6 を示せ.

演習 3.11　次の積分をベータ関数を使って表せ $(p, q > 0)$.

(1) $\displaystyle\int_0^{\infty} \frac{x^{q-1}}{1 + x^p}\,dx = \frac{1}{p} B\left(1 - \frac{q}{p}, \frac{q}{p}\right) \quad (p > q)$

(2) $\displaystyle\int_a^b (x - a)^{p-1}(b - x)^{q-1}\,dx = (b - a)^{p+q-1} B(p, q) \quad (b > a)$

(3) $\displaystyle\int_0^{\infty} \frac{x^{p-1}}{(1 + x)^{p+q}}\,dx = B(p, q)$

(4) $\displaystyle\int_0^{\infty} \frac{x^{p-1}}{(1 + x^2)^p}\,dx = \frac{1}{2} B\left(\frac{p}{2}, \frac{p}{2}\right)$

演習 3.12　広義積分 $\displaystyle\int_0^{\infty} \sin(x^2)\,dx$ は収束するが絶対収束しないことを示せ（フレネル積分）.

第4章

整　級　数

　　整級数は複素数の範囲でも成立する話なので基本事項を簡単に説明すること
にとどめる．改めて複素関数論で学ぶことをお勧めする．

4.1　整　級　数

　　多項式の微分積分は簡単で扱いやすいが，それ以外の関数について複雑で
あった．ここでは比較的扱いやすい「無限に続く」多項式関数を考えよう．

定義 4.1.1　（整級数）　$x \in \mathbb{R}$ に対して，次の形の級数

$$\sum_{n=0}^{\infty} c_n (x - a)^n$$

を**整級数**または**ベキ級数**という．簡単のために以後 $a = 0$ のときのみ考
える．

　　整級数 $\displaystyle\sum_{n=0}^{\infty} c_n x^n$ は $x = 0$ のとき必ず収束する．そこで，点 $x_0 \neq 0$ での収
束性を調べたい．

補題 4.1.2　（整級数の収束性）　$x_0 \neq 0$ において $\displaystyle\sum_{n=0}^{\infty} c_n x_0^n$ が収束するな
らば $|x| < |x_0|$ において $\displaystyle\sum_{n=0}^{\infty} c_n x^n$ は絶対収束する．

定義 4.1.3 （収束半径） 整級数 $\sum_{n=0}^{\infty} c_n x^n$ において

$$|x| < r \implies \sum_{n=0}^{\infty} c_n x^n \text{ は絶対収束する}$$

$$|x| > r \implies \sum_{n=0}^{\infty} c_n x^n \text{ は発散する}$$

をみたす $0 \le r \le \infty$ （**収束半径**）が存在する. 実際,

$$r = \sup\left\{|x| \,\middle|\, \sum_{n=0}^{\infty} c_n x^n \text{ が収束}\right\} \in [0, \infty]$$

によって与えられる.

注意 4.1.4 整級数は複素数の場合でも成り立ち, このときは収束範囲が複素平面上の円を表すので収束半径という.

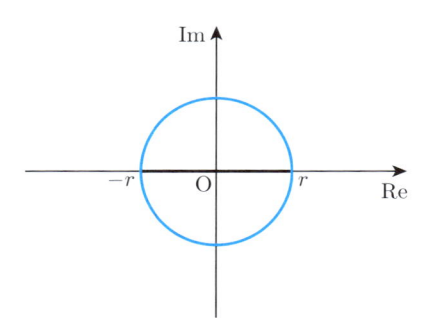

注意 4.1.5 収束半径 $|x| = r$ 上での収束性は一般にはわからない. $\sum_{n=1}^{\infty} \dfrac{1}{n} x^n$ の収束半径は $r = 1$ であるが, $x = 1$ のとき $\sum_{n=1}^{\infty} \dfrac{1}{n}$ は発散する（注意 1.4.3）, $x = -1$ のとき $\sum_{n=1}^{\infty} \dfrac{(-1)^n}{n}$ は収束する（例 1.4.15）.

整級数の収束半径は次の定理を使って求めることができる.

> **定理 4.1.6**（ダランベールの判定法）　極限
>
> $$\lim_{n \to \infty} \left| \frac{c_n}{c_{n+1}} \right| = r \quad (\infty \text{ も含む})$$
>
> が存在するならば整級数 $\displaystyle\sum_{n=0}^{\infty} c_n x^n$ の収束半径は r である.

> **定理 4.1.7**（コーシーの判定法）　極限
>
> $$\lim_{n \to \infty} \frac{1}{\sqrt[n]{|c_n|}} = r \quad (\infty \text{ も含む})$$
>
> が存在するならば整級数 $\displaystyle\sum_{n=0}^{\infty} c_n x^n$ の収束半径は r である.

例題 4.1.8

次の整級数の収束半径 r を求めよ.

$(1)\ \displaystyle\sum_{n=0}^{\infty} \binom{\alpha}{n} x^n \qquad (2)\ \displaystyle\sum_{n=1}^{\infty} n^n x^n \qquad (3)\ \displaystyle\sum_{n=0}^{\infty} 2^n x^{2n}$

【解答】　(1)　定理 4.1.6（ダランベールの判定法）を適用する.

$$\left| \frac{c_n}{c_{n+1}} \right| = \left| \frac{\alpha(\alpha-1)\cdots(\alpha-n+1)}{n!} \frac{(n+1)!}{\alpha(\alpha-1)\cdots(\alpha-n)} \right|$$

$$= \left| \frac{n+1}{\alpha-n} \right| \to 1 \quad (n \to \infty)$$

より $r = 1$.

(2)　定理 4.1.7（コーシーの判定法）を適用する.

$$\frac{1}{\sqrt[n]{|c_n|}} = \frac{1}{n} \to 0 \quad (n \to \infty)$$

より $r = 0$.

(3)　定理 4.1.7（コーシーの判定法）を適用する. $x^2 = t$ とおき, 整級数 $\displaystyle\sum_{n=0}^{\infty} 2^n t^n$ の収束半径は

$$\frac{1}{\sqrt[n]{|c_n|}} = \frac{1}{2}$$

より $|t| < \frac{1}{2}$ のとき絶対収束かつ $|t| > \frac{1}{2}$ のとき発散である．よって元の整級数では $|x| < \frac{1}{\sqrt{2}}$ のとき絶対収束かつ $|x| < \frac{1}{\sqrt{2}}$ のとき発散だから収束半径は $r = \frac{1}{\sqrt{2}}$.　　□

問 4.1.1　次の整級数の収束半径 r を求めよ.

(1)　$\displaystyle\sum_{n=0}^{\infty} \frac{(n!)^2}{(2n)!} x^n$　　(2)　$\displaystyle\sum_{n=0}^{\infty} \left(\frac{1+n}{2+n}\right)^{n^2} x^n$　　(3)　$\displaystyle\sum_{n=0}^{\infty} \frac{1}{n(2^n+1)} x^{2n+1}$

4.2　テイラー展開

整級数 $\displaystyle\sum_{n=0}^{\infty} c_n x^n$ の収束半径を $r > 0$ とする．このとき

$$f(x) := \sum_{n=0}^{\infty} c_n x^n$$

によって開区間 $(-r, r)$ 上の関数が定義できる．この関数ついて考えよう.

定理 4.2.1　（項別積分）　整級数 $f(x) = \displaystyle\sum_{n=0}^{\infty} c_n x^n$ は $(-r, r)$ 上で連続である．よって積分可能であるが

$$\int_0^x f(t)\, dt = \sum_{n=0}^{\infty} \frac{c_n}{n+1} x^{n+1} \quad (|x| < r)$$

が成り立ち，右辺の整級数の収束半径も r である.

定理 4.2.2　（項別微分）　整級数 $f(x) = \displaystyle\sum_{n=0}^{\infty} c_n x^n$ は $(-r, r)$ 上で微分可能であり，

$$f'(x) = \sum_{n=1}^{\infty} n c_n x^{n-1}$$

が成り立ち，右辺の整級数の収束半径も r である.

以上により整級数 $f(x) = \sum_{n=0}^{\infty} c_n x^n$ は $(-r, r)$ 上で C^{∞} 級関数で項別微分を繰り返せば,

$$f^{(k)}(x) = \sum_{n=k}^{\infty} n(n-1) \cdots (n-k+1) c_n x^{n-k} \quad (|x| < r)$$

が成り立つ. よって $f^{(k)}(0) = k! \, c_k$ だから次のように表される.

$$f(x) = \sum_{n=0}^{\infty} \frac{f^{(n)}(0)}{n!} x^n \quad (|x| < r)$$

定義 4.2.3　（**テイラー展開**）　関数 $f(x)$ は $|x-a| < r$ 上で C^{∞} 級とする. 定理 2.2.7 （テイラーの定理）より

$$f(x) = \sum_{k=0}^{n-1} \frac{f^{(k)}(a)}{k!} (x-a)^k + R_n(x) \quad (|x-a| < r)$$

であるが, もし $\lim_{n \to \infty} R_n(x) = 0$ ならば

$$f(x) = \sum_{n=0}^{\infty} \frac{f^{(n)}(a)}{n!} (x-a)^n \quad (|x-a| < r)$$

と表される. これを関数 $f(x)$ の点 a を中心とする**テイラー展開**という. 特に $a = 0$ のとき**マクローリン展開**という.

注意 4.2.4　関数 $f(x)$ が C^{∞} 級関数でもテイラー展開できるとは限らない. 例えば,

$$f(x) := \begin{cases} e^{-\frac{1}{x}} & (x > 0) \\ 0 & (x \leq 0) \end{cases}$$

は $\mathbb{R}$ 上で C^{∞} 級だがマクローリン展開できない（演習 4.4）.

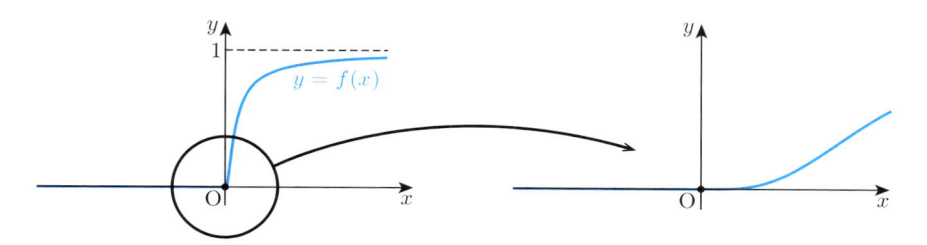

基本的な C^∞ 級関数のマクローリン展開を確認しておこう.

例題 4.2.5

次を証明せよ.

(1) $\quad e^x = \displaystyle\sum_{n=0}^{\infty} \frac{1}{n!} x^n$ $\qquad\qquad (x \in \mathbb{R})$

(2) $\quad \cos x = \displaystyle\sum_{n=0}^{\infty} \frac{(-1)^n}{(2n)!} x^{2n}$ $\qquad (x \in \mathbb{R})$

(3) $\quad \sin x = \displaystyle\sum_{n=0}^{\infty} \frac{(-1)^n}{(2n+1)!} x^{2n+1}$ $\quad (x \in \mathbb{R})$

【解答】 $\displaystyle\lim_{n \to \infty} R_n(x) = 0$ を確かめればよい.

(1) は定義そのものである.

(2) $\quad x \in \mathbb{R}$ に対して

$$|R_n(x)| = \left| \frac{(-1)^n \cos(\theta x)}{(2n)!} x^{2n} \right|$$

$$\leq \frac{|x|^{2n}}{(2n)!} \to 0 \quad (n \to \infty)$$

(3) も同様である. $\qquad\qquad\qquad\qquad\qquad\qquad\qquad\qquad\qquad\qquad\square$

一般にテイラー展開やマクローリン展開を求めるために

$$\lim_{n \to \infty} R_n(x) = 0$$

を確かめるのは必ずしも簡単ではない. 既知の整級数を項別微分, 項別積分する方がよい.

例題 4.2.6

次の関数のマクローリン展開を求めよ $(\alpha \in \mathbb{R})$.

(1) $\quad \log(1+x) = \displaystyle\sum_{n=1}^{\infty} \frac{(-1)^{n-1}}{n} x^n \quad (|x| < 1)$

(2) $\quad (1+x)^\alpha = \displaystyle\sum_{n=0}^{\infty} \binom{\alpha}{n} x^n \quad (|x| < 1)$

【解答】 (1)

$$\frac{1}{1+t} = \sum_{n=0}^{\infty} (-1)^n t^n \quad (|t| < 1)$$

より $|x| < 1$ に対して項別積分をすれば

$$\log(1+x) = \int_0^x \frac{dt}{1+t} = \sum_{n=0}^{\infty} (-1)^n \int_0^x t^n \, dt = \sum_{n=0}^{\infty} \frac{(-1)^n}{n+1} x^{n+1}$$

(2) $\alpha \in \mathbb{N}$ ならば 2 項展開する．$\alpha \notin \mathbb{N}$ のとき，整級数

$$f(x) := \sum_{n=0}^{\infty} \binom{\alpha}{n} x^n \quad (|x| < 1)$$

の収束半径は例題 4.1.8 (1) より $r = 1$ である．項別微分より

$$f'(x) = \sum_{n=1}^{\infty} \frac{\alpha(\alpha-1)\cdots(\alpha-n+1)}{(n-1)!} x^{n-1} \quad (|x| < 1)$$

よって

$$(1+x)f'(x) = \sum_{n=0}^{\infty} \frac{\alpha(\alpha-1)\cdots(\alpha-n)}{n!} x^n + \sum_{n=1}^{\infty} \frac{\alpha(\alpha-1)\cdots(\alpha-n+1)}{(n-1)!} x^n$$

$$= \alpha + \sum_{n=1}^{\infty} \alpha \frac{\alpha(\alpha-1)\cdots(\alpha-n+1)}{n!} x^n$$

$$= \alpha \sum_{n=0}^{\infty} \binom{\alpha}{n} x^n = \alpha f(x)$$

したがって

$$\frac{d}{dx}\left\{ \frac{f(x)}{(1+x)^\alpha} \right\} = \frac{f'(x)(1+x)^\alpha - \alpha(1+x)^{\alpha-1} f(x)}{(1+x)^{2\alpha}}$$

$$= \frac{(1+x)^{\alpha-1}\{(1+x)f'(x) - \alpha f(x)\}}{(1+x)^{2\alpha}} = 0$$

ゆえに系 2.1.20 より

$$f(x) = C(1+x)^\alpha \quad (C: 定数)$$

$x = 0$ を代入すれば $C = 1$ より

$$f(x) = (1+x)^\alpha \quad (|x| < 1) \qquad \square$$

問 4.2.1　次の関数のマクローリン展開を求めよ.

(1)　$\arctan x$　　(2)　$\dfrac{1}{2}\log\left(\dfrac{1+x}{1-x}\right)$　　(3)　$\arcsin x$

定理 4.2.7　（アーベルの定理）　整級数

$$f(x) = \sum_{n=0}^{\infty} c_n x^n \quad (|x| < r)$$

に対して級数 $\displaystyle\sum_{n=0}^{\infty} c_n r^n$ が収束すれば次が成立する.

$$\lim_{x \to r-0} f(x) = \sum_{n=0}^{\infty} c_n r^n$$

すなわち関数 $f(x)$ は $[0, r]$ 上で連続. $x = -r$ についても同様である.

例題 4.2.8

級数 $\displaystyle\sum_{n=1}^{\infty} \dfrac{(-1)^{n-1}}{n}$ の値を求めよ.

【解答】　例題 4.2.6 より

$$\log(1+x) = \sum_{n=1}^{\infty} \frac{(-1)^{n-1}}{n} x^n \quad (|x| < 1)$$

また $r = 1$ のとき例 1.4.15 より $\displaystyle\sum_{n=1}^{\infty} \dfrac{(-1)^{n-1}}{n}$ は収束する. 定理 4.2.7（アーベルの定理）より

$$\log 2 = \lim_{x \to 1-0} \log(1+x) = \sum_{n=1}^{\infty} \frac{(-1)^{n-1}}{n} \qquad \square$$

問 4.2.2　問 4.2.1 を利用して次の級数の値を求めよ.

(1)　$\displaystyle\sum_{n=0}^{\infty} \dfrac{(-1)^n}{2n+1}$　　(2)　$\displaystyle\sum_{n=0}^{\infty} \dfrac{2^{2n+1}}{(2n+1)3^{2n+1}}$

(3)　$\displaystyle\sum_{n=0}^{\infty} \dfrac{1 \cdot 3 \cdots (2n-1)}{2 \cdot 4 \cdots 2n} \dfrac{1}{(2n+1)2^{2n+1}}$

演習 4.1　次の整級数の収束半径 r を求めよ.

(1)　$\displaystyle\sum_{n=0}^{\infty} \frac{2^n}{n!} x^n$　　(2)　$\displaystyle\sum_{n=1}^{\infty} x^{n^2}$

(3)　$\displaystyle\sum_{n=0}^{\infty} \frac{(-1)^n}{\log(n+2)} x^n$　　(4)　$\displaystyle\sum_{n=1}^{\infty} \left(1 + \frac{1}{2} + \cdots + \frac{1}{n}\right) x^n$

演習 4.2　フィボナッチ数列 (a_n):

$$a_0 = a_1 = 1, \quad a_{n+1} = a_n + a_{n-1} \quad (n \geq 1)$$

によってできる整級数 $f(x) = \displaystyle\sum_{n=0}^{\infty} a_n x^n$ の収束半径 r を求め, 和 $f(x)$ の値も求めよ.

演習 4.3　次の関数をマクローリン展開せよ.

(1)　$\sinh x$　　　　　　(2)　$\dfrac{1}{1 - 3x + 2x^2}$

(3)　$\cos^2 x$　　　　　(4)　$\dfrac{\arctan x}{1 + x^2}$

(5)　$(\arctan x)^2$　　(6)　$\dfrac{\arcsin x}{\sqrt{1 - x^2}}$

(7)　$(\arcsin x)^2$

演習 4.4　関数

$$f(x) := \begin{cases} e^{-\frac{1}{x}} & (x > 0) \\ 0 & (x \leq 0) \end{cases}$$

について次を証明せよ（注意 4.2.4）.

(1)　$x > 0$ のとき

$$f^{(n)}(x) = p_n\left(\frac{1}{x}\right) e^{-\frac{1}{x}}$$

ただし, $p_n(t)$ は t の $2n$ 次の多項式である.

(2)　$f^{(n)}(0) = 0 \quad (n \geq 0)$

(3)　$f(x)$ は C^∞ 級だが, マクローリン展開できない.

第5章

多変数関数の微分

　　多変数関数について考察する．変数が多くなったことにより計算量が増え，特に関数の極限はより複雑になるので丁寧に説明する．また5.1節ユークリッド空間の内容は線形代数学の内容を含むので，はじめは読みとばしても構わない．

5.1　ユークリッド空間

線形代数学の基本事項について確認しておく．

> **定義 5.1.1**　（数ベクトル空間）　$d \in \mathbb{N}$ に対して
> $$\mathbb{R}^d := \{\boldsymbol{x} = (x_1, \ldots, x_d) \mid x_k \in \mathbb{R},\, 1 \le k \le d\}$$
> は $\mathbb{R}$ 上の $\boldsymbol{d}$ **次元数ベクトル空間**である．すなわち $\boldsymbol{x} = (x_1, \ldots, x_d)$, $\boldsymbol{y} = (y_1, \ldots, y_d) \in \mathbb{R}^d$, $\alpha \in \mathbb{R}$ に対して
> $$1 \le \forall k \le d,\, x_k = y_k$$
> のとき，$\boldsymbol{x} = \boldsymbol{y}$ と定義し，
> $$\boldsymbol{x} + \boldsymbol{y} := (x_1 + y_1, \ldots, x_d + y_d) \quad \text{（和）}$$
> $$\alpha \cdot \boldsymbol{x} := (\alpha x_1, \ldots, \alpha x_d) \quad \text{（スカラー倍）}$$
> が定義されている．**零ベクトル**を $\boldsymbol{0} := (0, \ldots, 0)$ で表す．**内積**を
> $$\langle \boldsymbol{x}, \boldsymbol{y} \rangle := \sum_{k=1}^{d} x_k y_k$$
> と表す．
> $$\|\boldsymbol{x}\| := \sqrt{\langle \boldsymbol{x}, \boldsymbol{x} \rangle} = \sqrt{\sum_{k=1}^{d} x_k^2}$$

で，ベクトル $\boldsymbol{x}$ の長さを表し，ノルムという．$\boldsymbol{x}, \boldsymbol{y} \in \mathbb{R}^d$ に対して

$$\langle \boldsymbol{x}, \boldsymbol{y} \rangle = 0$$

のとき，$\boldsymbol{x}$ と $\boldsymbol{y}$ は直交するという．

定理 5.1.2 $\boldsymbol{x}, \boldsymbol{y}, \boldsymbol{z} \in \mathbb{R}^d$, $\alpha \in \mathbb{R}$ に対して次が成り立つ．

(1) $\langle \boldsymbol{x} + \boldsymbol{y}, \boldsymbol{z} \rangle = \langle \boldsymbol{x}, \boldsymbol{z} \rangle + \langle \boldsymbol{y}, \boldsymbol{z} \rangle$, $\langle \boldsymbol{x}, \boldsymbol{y} + \boldsymbol{z} \rangle = \langle \boldsymbol{x}, \boldsymbol{y} \rangle + \langle \boldsymbol{x}, \boldsymbol{z} \rangle$

(2) $\langle \alpha \boldsymbol{x}, \boldsymbol{y} \rangle = \alpha \langle \boldsymbol{x}, \boldsymbol{y} \rangle$, $\langle \boldsymbol{x}, \alpha \boldsymbol{y} \rangle = \alpha \langle \boldsymbol{x}, \boldsymbol{y} \rangle$

(3) $\langle \boldsymbol{x}, \boldsymbol{y} \rangle = \langle \boldsymbol{y}, \boldsymbol{x} \rangle$

(4) $\langle \boldsymbol{x}, \boldsymbol{x} \rangle = 0 \Leftrightarrow \boldsymbol{x} = \boldsymbol{0}$

(5) $|\langle \boldsymbol{x}, \boldsymbol{y} \rangle| \leq \|\boldsymbol{x}\| \, \|\boldsymbol{y}\|$ （コーシー－シュワルツの不等式）

等号成立は $\boldsymbol{x}, \boldsymbol{y}$ が 1 次従属のときに限る．すなわち

$$\exists \lambda \in \mathbb{R}, \ \boldsymbol{y} = \lambda \boldsymbol{x}$$

(6) $\|\boldsymbol{x}\| = 0 \Leftrightarrow \boldsymbol{x} = \boldsymbol{0}$

(7) $\|\alpha \boldsymbol{x}\| = |\alpha| \, \|\boldsymbol{x}\|$

(8) $\|\boldsymbol{x} + \boldsymbol{y}\| \leq \|\boldsymbol{x}\| + \|\boldsymbol{y}\|$ （三角不等式）

定義 5.1.3 （点列の極限） $\mathbb{R}^d$ の点列 $(\boldsymbol{x}_n)_{n=1}^{\infty}$ と点 $\boldsymbol{a} \in \mathbb{R}^d$ に対して

$$\lim_{n \to \infty} \|\boldsymbol{x}_n - \boldsymbol{a}\| = 0$$

のとき，点列 $(\boldsymbol{x}_n)_{n=1}^{\infty}$ は点 $\boldsymbol{a}$ に収束するといい，

$$\lim_{n \to \infty} \boldsymbol{x}_n = \boldsymbol{a}$$

と表す．

注意 5.1.4 $\boldsymbol{x}_n = (x_{1n}, \ldots, x_{dn}) \in \mathbb{R}^d$ とすると不等式

$$|x_{kn} - a_k| \leq \|\boldsymbol{x}_n - \boldsymbol{a}_n\| \leq |x_{1n} - a_1| + \cdots + |x_{dn} - a_d|$$

より

$$\lim_{n \to \infty} \|\boldsymbol{x}_n - \boldsymbol{a}\| = 0 \Leftrightarrow \lim_{n \to \infty} |x_{kn} - a_k| = 0 \quad (1 \leq k \leq d)$$

がわかる．

定義 5.1.5（開近傍）　$\boldsymbol{a} \in \mathbb{R}^d$, $\varepsilon > 0$ とする.

$$B(\boldsymbol{a}, \varepsilon) := \{\boldsymbol{x} \in \mathbb{R}^d \mid \|\boldsymbol{x} - \boldsymbol{a}\| < \varepsilon\}$$

を点 $\boldsymbol{a}$ の **ε 開近傍**という（中心 $\boldsymbol{a}$, 半径 ε の $\boldsymbol{d}$ 次元開球）.

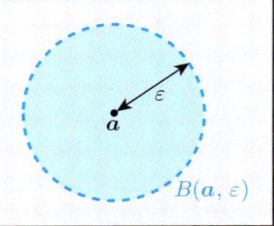

定義 5.1.6（内点・外点・境界点）　$\boldsymbol{a} \in \mathbb{R}^d$, $D \subset \mathbb{R}^d$ とする.

(1)　点 $\boldsymbol{a}$ が

$$\exists \varepsilon > 0, B(\boldsymbol{a}, \varepsilon) \subset D$$

をみたすとき, D の**内点**という.

(2)　点 $\boldsymbol{a}$ が

$$\exists \varepsilon > 0, B(\boldsymbol{a}, \varepsilon) \cap D = \emptyset$$

をみたすとき, D の**外点**という.

(3)　点 $\boldsymbol{a}$ が内点でも外点でもないとき, つまり

$$\forall \varepsilon > 0, B(\boldsymbol{a}, \varepsilon) \cap D \neq \emptyset, B(\boldsymbol{a}, \varepsilon) \cap D^c \neq \emptyset$$

をみたすとき, D の**境界点**という.

D の内点全体の集合を D^i で表し D の**内部**という. 定義から $D^i \subset D$ が
わかる. また D の境界点全体の集合を ∂D で表し, $\overline{D} := D \cup \partial D$ を D
の**閉包**という. 定義から $D \subset \overline{D}$ がわかる:

$$D^i \subset D \subset \overline{D}$$

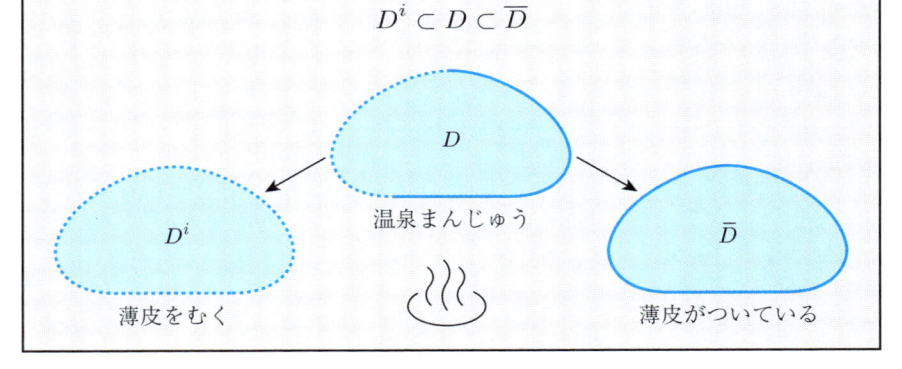

温泉まんじゅう

D^i　薄皮をむく　　　$\overline{D}$　薄皮がついている

命題 5.1.7 （閉包の特徴付け） $\boldsymbol{a} \in \mathbb{R}^d$, $D \subset \mathbb{R}^d$ とする.

$$\boldsymbol{a} \in \overline{D} \iff \exists \boldsymbol{x}_n \in D, \ \lim_{n \to \infty} \boldsymbol{x}_n = \boldsymbol{a}$$

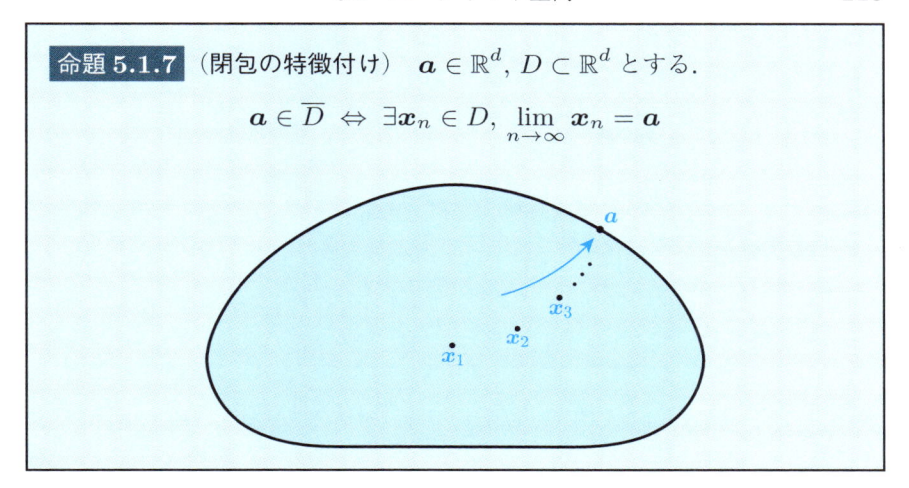

例 5.1.8 $D := \{(x, y) \in \mathbb{R}^2 \mid x^2 + y^2 < 1\} = B(\boldsymbol{0}, 1)$ のとき,

$$D^i = D,$$
$$\partial D = \{(x, y) \in \mathbb{R}^2 \mid x^2 + y^2 = 1\},$$
$$\overline{D} = \{(x, y) \in \mathbb{R}^2 \mid x^2 + y^2 \le 1\}$$

となる.

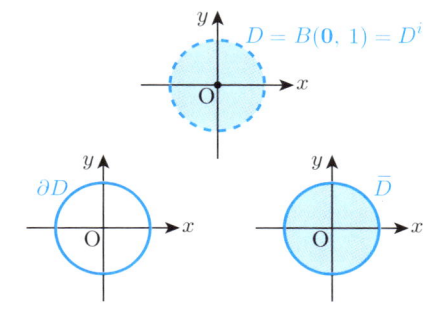

問 5.1.1　次の部分集合 $D \subset \mathbb{R}^2$ の D^i, ∂D, $\overline{D}$ を求めよ.

(1)　$D = \{(x, y) \in \mathbb{R}^2 \mid |x| < 1, |y| < 1\}$

(2)　$D = \{(x, y) \in \mathbb{R}^2 \mid |x| + |y| \leq 1\}$

(3)　$D = \left\{ \left(\frac{1}{m}, \frac{1}{n} \right) \mid m, n \in \mathbb{N} \right\}$

定義 5.1.9（開集合と閉集合）　$D \subset \mathbb{R}^d$ とする.

(1)　$D = D^i$ をみたすとき, D を**開集合**という.

(2)　$D = \overline{D}$ をみたすとき, D を**閉集合**という.

例 5.1.10　$B(\boldsymbol{a}, \varepsilon)$ は開集合, $\overline{B(\boldsymbol{a}, \varepsilon)} = \{\boldsymbol{x} \in \mathbb{R}^2 \mid \|\boldsymbol{x} - \boldsymbol{a}\| \leq \varepsilon\}$ は閉集合である. □

注意 5.1.11　$D \subset \mathbb{R}^d$ に対して, $(D^i)^i = D^i$ より D^i は開集合である. さらに $\boldsymbol{D}$ に含まれる最大の開集合であることもわかる. すなわち $O \subset D$ が開集合ならば $O \subset D^i$ が成立する.

　同様に $\overline{\overline{D}} = \overline{D}$ より $\overline{D}$ は閉集合である. さらに $\boldsymbol{D}$ を含む最小の閉集合であることもわかる. すなわち $D \subset F$ が閉集合ならば $\overline{D} \subset F$ が成立する.

定理 5.1.12（開集合と閉集合の関係）　$D \subset \mathbb{R}^d$ とする.

$$D \text{ は開集合} \iff D^c \text{ は閉集合}$$

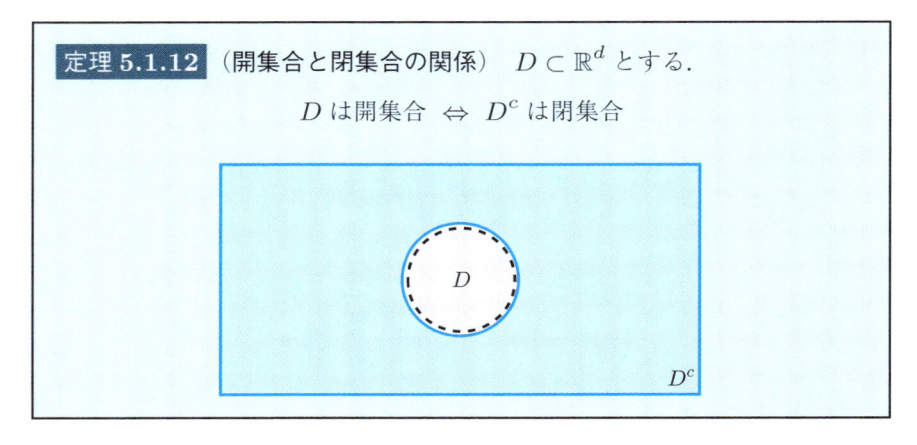

注意 5.1.13　$\mathbb{R}^d$ と $\emptyset$ は開集合かつ閉集合である.

例題 5.1.14

1 変数関数 $f(x)$, $g(x)$ は閉区間 $[a, b]$ 上の連続関数とし，

$$f(x) \leq g(x) \quad (a \leq x \leq b)$$

をみたす．このとき

$$D := \{(x, y) \in \mathbb{R}^2 \mid a \leq x \leq b, f(x) \leq y \leq g(x)\} \quad \text{（縦線領域）}$$

は閉集合であることを示せ．

【解答】 $D \supset \overline{D}$ を示せば十分である．任意の $(x, y) \in \overline{D}$ に対して，命題 5.1.7（閉包の特徴付け）より

$$\exists (x_n, y_n) \in D, \ \lim_{n \to \infty} (x_n, y_n) = (x, y)$$

よって $a \leq x_n \leq b$ だから $n \to \infty$ とすれば $a \leq x \leq b$ がわかる．また $f(x)$, $g(x)$ は連続だから $f(x_n) \leq y_n \leq g(x_n)$ において $n \to \infty$ とすれば $f(x) \leq y \leq g(x)$ がわかる．したがって $(x, y) \in D$ となる．

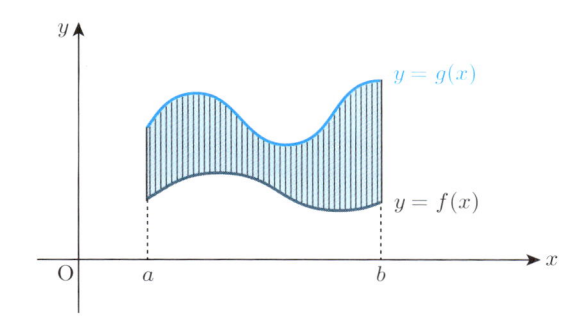

$\square$

問 5.1.2 1 変数関数 $f(x)$ は閉区間 $[a, b]$ 上の連続関数とする．

$$G(f) := \{(x, y) \in \mathbb{R}^2 \mid a \leq x \leq b, y = f(x)\} \quad \text{（f のグラフ）}$$

は閉集合であることを示せ．

5.2　多 変 数 関 数

多変数関数の場合も関数の極限や連続性を考えることは欠かせない.

定義 5.2.1（関数のグラフ）　$D \subset \mathbb{R}^d$ を定義域とする写像 $f\colon D \to \mathbb{R}$ を **d 変数関数**という. また

$$G(f) := \{(\boldsymbol{x}, y) \in \mathbb{R}^{d+1} \mid \boldsymbol{x} \in D, \ y = f(\boldsymbol{x})\}$$

を f の**グラフ**という.

特に 2 変数関数 $z = f(x, y)$ のとき

$$G(f) = \{(x, y, z) \in \mathbb{R}^3 \mid (x, y) \in D, \ z = f(x, y)\}$$

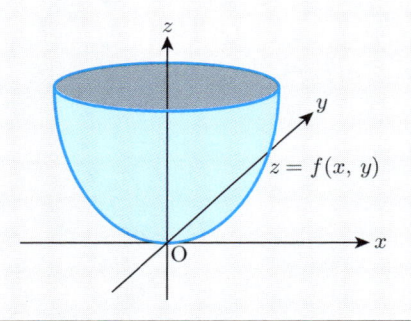

例 5.2.2　2 変数関数

$$z = f(x, y) = ax + by \quad ((x, y) \in \mathbb{R}^2, \ a, b \in \mathbb{R})$$

のとき

$$f(x, y) - z = 0 \ \Leftrightarrow \ \langle (x, y, z), (a, b, -1) \rangle = 0$$

よりグラフ $G(f)$ はベクトル $(a, b, -1) \in \mathbb{R}^3$ に直交する平面を表す.

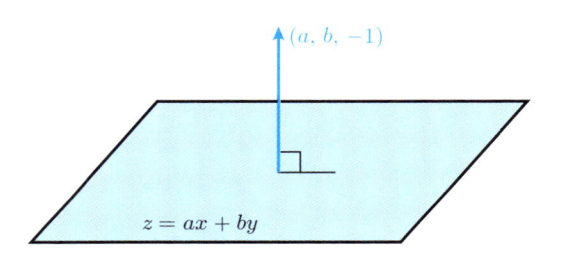

問 5.2.1　次の関数のグラフの概形をかけ.

(1)　$z = |x| + |y|$　　　(2)　$z = \sqrt{x^2 + y^2}$

(3)　$z = x^2 + y^2$　　　(4)　$z = x^2 - y^2$

定義 5.2.3　（多変数関数の極限）　関数の極限

$$\lim_{\boldsymbol{x} \to \boldsymbol{a}} f(\boldsymbol{x}) = \alpha$$

を

$$\forall \varepsilon > 0,\ \exists \delta > 0,\ 0 < \|\boldsymbol{x} - \boldsymbol{a}\| < \delta \ \Rightarrow\ |f(\boldsymbol{x}) - \alpha| < \varepsilon$$

と定義する.

注意 5.2.4　$\boldsymbol{x}$ が点 $\boldsymbol{a}$ にどんな近づき方をしても $f(\boldsymbol{x})$ は一定値 α に近づかなければならない. 1 変数関数の極限のときよりも近づき方に自由度があるので注意.

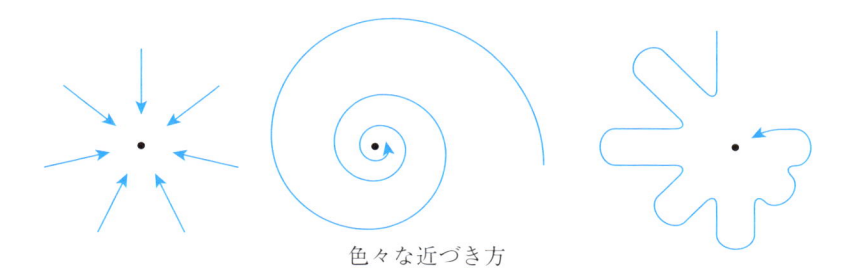

色々な近づき方

───── 例題 5.2.5 ─────

次の極限を求めよ.

(1)　$\displaystyle\lim_{(x,y) \to (1,1)} (x + y)$　　(2)　$\displaystyle\lim_{(x,y) \to (0,0)} \frac{xy}{x^2 + y^2}$

(3)　$\displaystyle\lim_{(x,y) \to (0,0)} \frac{xy^2}{x^2 + y^2}$

【解答】　(1)　$|x + y - 2| \le |x - 1| + |y - 1| \to 0$　$((x, y) \to (1, 1))$
よって

$$\lim_{(x,y) \to (1,1)} (x + y) = 2$$

(2) $(x, y) \neq (0, 0)$ のとき

$$\begin{cases} x = r \cos \theta \\ y = r \sin \theta \end{cases}$$

と極座標で表すと $(x, y) \to (0, 0) \iff r \to 0$ である．このとき

$$\frac{xy}{x^2 + y^2} = \frac{r \cos \theta \cdot r \sin \theta}{r^2} = \cos \theta \sin \theta$$

であるから $\theta \equiv 0$ の状態で $(x, y) \to (0, 0)$ とすると 0 に近づき，$\theta \equiv \frac{\pi}{4}$ の状態で $(x, y) \to (0, 0)$ とすると $\frac{1}{2}$ に近づくので，近づき方で極限が一致しない．よって $\lim\limits_{(x,y)\to(0,0)} \frac{xy}{x^2+y^2}$ は存在しない．

(3) 同様に $(x, y) \neq (0, 0)$ を極座標で表すと

$$\left| \frac{xy^2}{x^2 + y^2} \right| = \left| \frac{r \cos \theta \cdot r^2 \sin^2 \theta}{r^2} \right| \leq r \to 0 \quad (r \to 0)$$

より $\lim\limits_{(x,y)\to(0,0)} \frac{xy^2}{x^2+y^2} = 0$

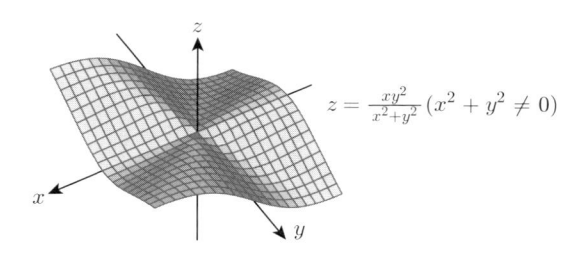

$$z = \frac{xy^2}{x^2+y^2} \, (x^2 + y^2 \neq 0)$$

$\Box$

注意 5.2.6 (2) と (3) の違いに注意しよう．極限が存在しないことを証明するときは，具体的に 2 通りの近づき方で異なる極限であることを示せば十分である．(2) では半直線 $x > 0$, $y = 0$ 上と半直線 $y = x > 0$ 上で考えた．一方，極限の存在を証明するときは，あらゆる近づき方を考えるのだから (3) のように θ に無関係な一定値に収束することを示さなければならない．たまたま 2 通りの近づき方で同じ値に収束したから極限が存在すると結論付けないように注意すること．

問 5.2.2 次の極限を求めよ．

(1) $\lim\limits_{(x,y)\to(0,0)} \dfrac{x^3 + y^3}{x^2 + y^2}$ (2) $\lim\limits_{(x,y)\to(0,0)} \dfrac{x}{\sqrt{x^2 + y^2}}$

(3) $\lim\limits_{(x,y)\to(0,0)} \dfrac{\sin(xy)}{\sqrt{x^2 + y^2}}$

> **定義 5.2.7** （多変数関数の連続性）　$\boldsymbol{a} \in D$ とする.
> $$\lim_{\boldsymbol{x} \to \boldsymbol{a}} f(\boldsymbol{x}) = f(\boldsymbol{a})$$
> のとき関数 $f(\boldsymbol{x})$ は点 $\boldsymbol{a}$ で連続という.

例題 5.2.8

次の関数の点 $(x, y) = (0, 0)$ の連続性を調べよ.

$$f(x, y) := \begin{cases} \dfrac{x^2 - y^2}{x^2 + y^2} & ((x, y) \neq (0, 0)) \\ 0 & ((x, y) = (0, 0)) \end{cases}$$

【解答】　x 軸に沿って点 $(x, y) = (0, 0)$ に近づくとき，つまり $x(t) := t$, $y(t) := 0$ $(t \to 0)$ のとき

$$f(t, 0) = \frac{t^2}{t^2} = 1$$

より $\lim_{t \to 0} f(t, 0) = 1$ である. 一方 $y = x$ に沿って点 $(x, y) = (0, 0)$ に近づくとき，つまり $x(t) := t$, $y(t) := t$ $(t \to 0)$ のとき

$$f(t, t) = \frac{0}{2t^2} = 0$$

より $\lim_{t \to 0} f(t, t) = 0$ である. よって $\displaystyle \lim_{(x,y) \to (0,0)} \frac{x^2 - y^2}{x^2 + y^2}$ は存在しないので点 $(x, y) = (0, 0)$ で連続ではない.

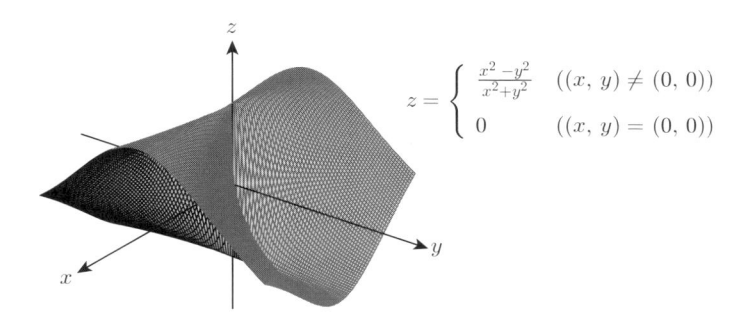

$$z = \begin{cases} \frac{x^2 - y^2}{x^2 + y^2} & ((x, y) \neq (0, 0)) \\ 0 & ((x, y) = (0, 0)) \end{cases}$$

□

注意 5.2.9 多変数関数の極限の考察では例題 5.2.5 のように極座標表示を用いる場合は偏角 θ も動くことに注意が必要であるので,例題 5.2.8 のように具体的にパラメーター表示してもよい.

問 5.2.3 次の関数の点 $(x, y) = (0, 0)$ の連続性を調べよ.

(1) $\quad f(x, y) := \begin{cases} xy\dfrac{x^2 - y^2}{x^2 + y^2} & ((x, y) \neq (0, 0)) \\ 0 & ((x, y) = (0, 0)) \end{cases}$

(2) $\quad f(x, y) := \begin{cases} \dfrac{\sin(xy)}{x^2 + y^2} & ((x, y) \neq (0, 0)) \\ 0 & ((x, y) = (0, 0)) \end{cases}$

(3) $\quad f(x, y) := \begin{cases} \dfrac{e^{x^2 + y^2} - 1}{x^2 + y^2} & ((x, y) \neq (0, 0)) \\ 1 & ((x, y) = (0, 0)) \end{cases}$

最後に多変数関数の最大値・最小値の定理を紹介しよう.

定義 5.2.10 ($\mathbb{R}^d$ の部分集合の有界性) 部分集合 $D \subset \mathbb{R}^d$ が有界であることを

$$\exists M > 0, \ \forall \boldsymbol{x} \in D, \ \|\boldsymbol{x}\| \leq M$$

と定義する.

定理 5.2.11 (最大値・最小値の定理) 有界閉集合 D 上の連続関数 $f(\boldsymbol{x})$ は D 上で最大値と最小値をもつ.すなわち

$$\exists \boldsymbol{a}, \boldsymbol{b} \in D, \ \forall \boldsymbol{x} \in D, \ f(\boldsymbol{a}) \leq f(\boldsymbol{x}) \leq f(\boldsymbol{b})$$

が成り立つ.

偏微分と全微分

多変数関数の微分について紹介する．主に 2 変数関数の場合のみを考える．以下，簡単のために定義域 D は開集合であり，D の任意の 2 点は D 内の折れ線で結べるものとする．このとき，D は**領域**という．

定義 5.3.1　（偏微分）　領域 $D \subset \mathbb{R}^2$，点 $(a,b) \in D$，D 上の 2 変数関数 $z = f(x,y)$ に対して，極限

$$\lim_{x \to a} \frac{f(x,b) - f(a,b)}{x - a} \quad \left(\text{または } \lim_{h \to 0} \frac{f(a+h,b) - f(a,b)}{h} \right)$$

が存在するとき，$f(x,y)$ は点 (a,b) で x について**偏微分可能**といい，この極限を $f_x(a,b)$ と表す．また各 $(a,b) \in D$ に $f_x(a,b)$ を対応させる 2 変数関数を x についての**偏導関数**といい $f_x(x,y)$ で表す．また

$$z_x, \quad \frac{\partial z}{\partial x}, \quad \frac{\partial f}{\partial x}(x,y)$$

などと表すこともある．同様に y についての偏微分も定義される．

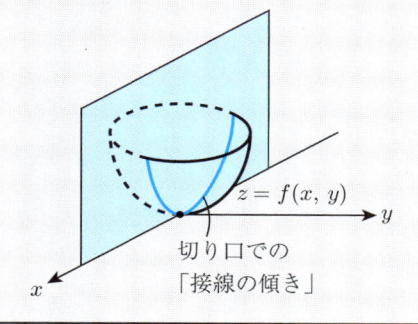

切り口での「接線の傾き」

例題 5.3.2

次の関数 $f(x, y)$ の偏導関数を求めよ.

(1) $xy^3 + x^2 - y$

(2) $\sqrt{x^2 + y^2}$

(3) $\arctan\left(\dfrac{y}{x}\right)$

【解答】 (1) $f_x(x, y) = y^3 + 2x$, $f_y(x, y) = 3xy^2 - 1$

(2) $f_x(x, y) = \dfrac{1}{2} \dfrac{2x}{\sqrt{x^2 + y^2}} = \dfrac{x}{\sqrt{x^2 + y^2}}$,

$f_y(x, y) = \dfrac{1}{2} \dfrac{2y}{\sqrt{x^2 + y^2}} = \dfrac{y}{\sqrt{x^2 + y^2}}$

(3) $f_x(x, y) = -\dfrac{y}{x^2} \dfrac{1}{1 + \left(\frac{y}{x}\right)^2} = -\dfrac{y}{x^2 + y^2}$,

$f_y(x, y) = \dfrac{1}{x} \dfrac{1}{1 + \left(\frac{y}{x}\right)^2} = \dfrac{x}{x^2 + y^2}$ □

問 5.3.1 次の関数 $f(x, y)$ の偏導関数を求めよ.

(1) $\log(x^2 + y^2)$ (2) $\arcsin\left(\dfrac{y}{x}\right)$ (3) x^y

注意 5.3.3 x, y について偏微分可能であっても連続とは限らない. 例えば,

$$f(x, y) := \begin{cases} \dfrac{xy}{x^2 + y^2} & ((x, y) \neq (0, 0)) \\ 0 & ((x, y) = (0, 0)) \end{cases}$$

のとき, $h \neq 0$ に対して

$$\frac{f(h, 0) - f(0, 0)}{h} = 0$$

より関数 $f(x, y)$ は点 $(x, y) = (0, 0)$ で x について偏微分可能である. y についても同様である. しかし例題 5.2.5 (2) より点 $(x, y) = (0, 0)$ で連続ではない.

> **定義 5.3.4**（**全微分**） 領域 $D \subset \mathbb{R}^2$ と点 $(a, b) \in D$ に対して，D 上の2 変数関数 $f(x, y)$ が
>
> $$\exists (\alpha, \beta) \in \mathbb{R}^2, \begin{cases} f(a+h, b+k) = f(a, b) + \alpha h + \beta k + \varepsilon(h, k) \\ \lim_{(h,k) \to (0,0)} \dfrac{\varepsilon(h, k)}{\sqrt{h^2 + k^2}} = 0 \end{cases}$$
>
> をみたすとき，点 (a, b) において**全微分可能**であるという.

注意 5.3.5 1 変数関数 $f(x)$ が点 a で微分可能であるとき

$$\varepsilon(h) := f(a+h) - f(a) - f'(a)h$$

とおけば

$$\lim_{h \to 0} \frac{\varepsilon(h)}{h} = \lim_{h \to 0} \frac{f(a+h) - f(a)}{h} - f'(a) = 0$$

さらに $f(x)$ が点 a で微分可能であることと

$$\exists \alpha \in \mathbb{R}, \begin{cases} f(a+h) = f(a) + \alpha h + \varepsilon(h) \\ \lim_{h \to 0} \dfrac{\varepsilon(h)}{h} = 0 \ (\Leftrightarrow \ \varepsilon(h) = o(h) \ (h \to 0)) \end{cases}$$

が同値であることもわかる．つまり h が十分小さければ，$f(a+h)$ と $f(a) + f'(a)h$ は「とても近い」ことを意味している．これより全微分可能性の定義が納得できるだろう.

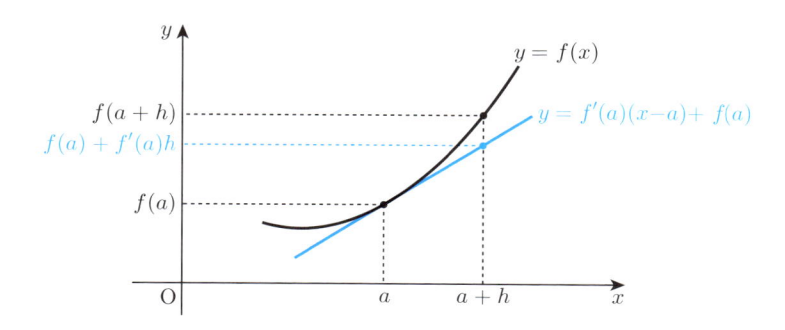

> **定理 5.3.6**（**全微分可能な関数の連続性**） 2 変数関数 $f(x, y)$ が点 (a, b) で全微分可能ならば $f(x, y)$ は点 (a, b) で連続かつ偏微分可能である．さらに定義 5.3.4（全微分）において $\alpha = f_x(a, b)$, $\beta = f_y(a, b)$ である.

> **定義 5.3.7** (C^1 **級関数**) 2 変数関数 $f(x,y)$ が x, y について偏微分可能かつその偏導関数 $f_x(x,y)$, $f_y(x,y)$ が連続のとき，$f(x,y)$ は C^1 級であるという．

> **定理 5.3.8** (C^1 **級関数の全微分可能性**) 2 変数関数 $f(x,y)$ が C^1 級ならば全微分可能である．

注意 5.3.9 全微分可能であっても C^1 級とは限らない．例えば，

$$f(x,y) := \begin{cases} xy\sin\left(\frac{1}{\sqrt{x^2+y^2}}\right) & ((x,y) \neq (0,0)) \\ 0 & ((x,y) = (0,0)) \end{cases}$$

は点 $(x,y) = (0,0)$ で偏微分可能かつ $f_x(0,0) = f_y(0,0) = 0$ であることが簡単に確かめられる．また $(h,k) \neq (0,0)$ に対して

$$\varepsilon(h,k) := f(h,k) - f(0,0) - f_x(0,0)h - f_y(0,0)k = f(h,k)$$

とおくと

$$\left|\frac{\varepsilon(h,k)}{\sqrt{h^2+k^2}}\right| = \left|\frac{hk}{\sqrt{h^2+k^2}}\sin\left(\frac{1}{\sqrt{h^2+k^2}}\right)\right| \leq \frac{|h|\,|k|}{\sqrt{h^2+k^2}}$$

$$= \frac{r^2|\cos\theta|\,|\sin\theta|}{r} \quad (h := r\cos\theta,\, k := r\sin\theta)$$

$$\leq r \to 0 \quad ((h,k) \to (0,0))$$

したがって関数 $f(x,y)$ は点 $(x,y) = (0,0)$ で全微分可能である．

しかし点 $(x,y) \neq (0,0)$ において

$$f_x(x,y) = y\sin\left(\frac{1}{\sqrt{x^2+y^2}}\right) - \frac{x^2y}{(x^2+y^2)^{\frac{3}{2}}}\cos\left(\frac{1}{\sqrt{x^2+y^2}}\right)$$

である．$x(t) := t$, $y(t) := t\ (t \to +0)$ のとき

$$f_x(t,t) = t\sin\left(\frac{1}{\sqrt{2}\,t}\right) - \frac{1}{2\sqrt{2}}\cos\left(\frac{1}{t}\right)$$

より $\lim_{t \to +0} f_x(t,t)$ は存在しない．例えば $t_n = \frac{1}{n\pi}\ (n \in \mathbb{N})$ とすれば $t_n \to 0$ かつ

$$f_x(t_n,t_n) = t_n\sin\left(\frac{1}{\sqrt{2}\,t_n}\right) - \frac{1}{2\sqrt{2}}\cos\left(\frac{1}{t_n}\right)$$

右辺第 1 項は

$$\left| t_n \sin\left(\frac{1}{\sqrt{2}\, t_n} \right) \right| \le t_n \to 0 \quad (n \to \infty)$$

しかし右辺第 2 項は $n = 2k \ (k \in \mathbb{N})$ のとき

$$\frac{1}{2\sqrt{2}} \cos\left(\frac{1}{t_n} \right) = \frac{1}{2\sqrt{2}} \cos(2k\pi) = \frac{1}{2\sqrt{2}}$$

また $n = 2k - 1 \ (k \in \mathbb{N})$ のとき

$$\frac{1}{2\sqrt{2}} \cos\left(\frac{1}{t_n} \right) = \frac{1}{2\sqrt{2}} \cos((2k-1)\pi) = -\frac{1}{2\sqrt{2}}$$

よって偏導関数 $f_x(x,y)$ は点 $(x,y) = (0,0)$ で連続ではない.

定義 5.3.10（**接平面**） 2 変数関数 $f(x,y)$ が点 (a,b) において全微分可能であるとき,

$$z = f(a,b) + f_x(a,b)(x-a) + f_y(a,b)(y-b)$$

を曲面 $z = f(x,y)$ の点 $(a,b,f(a,b))$ における**接平面**という.

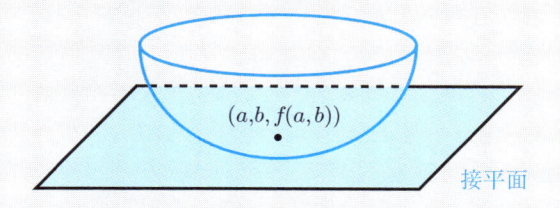

定理 5.3.11（**合成関数の微分**） 2 変数関数 $z = f(x,y)$ を全微分可能, $x = x(t)$, $y = y(t)$ を微分可能とするとき, 合成関数

$$z = g(t) := f(x(t), y(t))$$

は t について微分可能かつ

$$\frac{dz}{dt} = \frac{\partial z}{\partial x}\frac{dx}{dt} + \frac{\partial z}{\partial y}\frac{dy}{dt} = f_x(x(t), y(t))x'(t) + f_y(x(t), y(t))y'(t)$$

が成り立つ.

例 5.3.12　関数 $f(x, y)$ が C^1 級，$x(t) = \cos t$, $y(t) = \sin t$ のとき，$g(t) = f(\cos t, \sin t)$ は t について微分可能であり

$$g'(t) = f_x(\cos t, \sin t) \cdot (\cos t)' + f_y(\cos t, \sin t) \cdot (\sin t)'$$
$$= -f_x(\cos t, \sin t) \sin t + f_y(\cos t, \sin t) \cos t \qquad \square$$

問 5.3.2　関数 $z = f(x, y)$ が C^1 級のとき，次の関数を t で微分せよ．

(1)　$f(at + b, ct + d)$　$(a, b, c, d \in \mathbb{R})$　　　(2)　$f(\cosh t, \sinh t)$

定義 5.3.13　（方向微分可能性）　$\boldsymbol{a}, \boldsymbol{e} \in \mathbb{R}^d$, $\|\boldsymbol{e}\| = 1$ とする．d 変数関数 $f(\boldsymbol{x})$ に対して，

$$\lim_{t \to 0} \frac{f(\boldsymbol{a} + t\boldsymbol{e}) - f(\boldsymbol{a})}{t}$$

が存在するとき，$f(\boldsymbol{x})$ は点 $\boldsymbol{a}$ で $\boldsymbol{e}$ 方向微分可能といい，この極限を

$$D_{\boldsymbol{e}} f(\boldsymbol{a}), \quad \frac{\partial f}{\partial \boldsymbol{e}}(\boldsymbol{a})$$

などと表す．

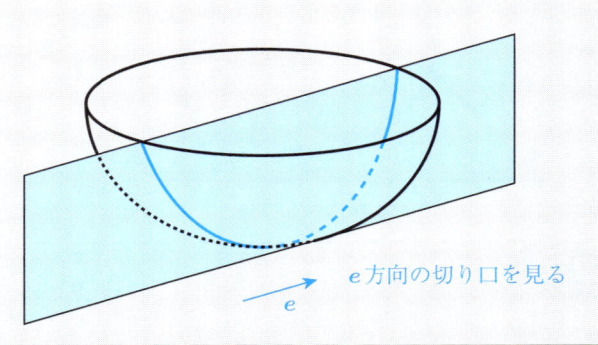

$\boldsymbol{e}$ 方向の切り口を見る

例 5.3.14　$\boldsymbol{e}_1 = (1, 0)$, $\boldsymbol{e}_2 = (0, 1) \in \mathbb{R}^2$ のとき，関数 $z = f(x, y)$ に対して，

$$D_{\boldsymbol{e}_1} f(x, y) = f_x(x, y), \quad D_{\boldsymbol{e}_2} f(x, y) = f_y(x, y)$$

である．　　　　　　　　　　　　　　　　　　　　　　　　　　　$\square$

注意 5.3.15 $\boldsymbol{a} = (a_1, a_2) \in \mathbb{R}^2$ に対して,

$$\operatorname{grad} f(\boldsymbol{a}) := (f_x(\boldsymbol{a}), f_y(\boldsymbol{a})) \in \mathbb{R}^2$$

と定義し, **勾配ベクトル**という.

$\boldsymbol{e} = (e_1, e_2) \in \mathbb{R}^2$, $\|\boldsymbol{e}\| = 1$ に対して,

$$z = g(t) = f(a_1 + e_1 t, a_2 + e_2 t)$$

とする.

$$x(t) := a_1 + e_1 t, \quad y(t) := a_2 + e_2 t$$

とおけば

$$
\begin{aligned}
D_{\boldsymbol{e}} f(\boldsymbol{a}) &= \lim_{t \to 0} \frac{f(a_1 + e_1 t, a_2 + e_2 t) - f(a_1, a_2)}{t} \\
&= \lim_{t \to 0} \frac{g(t) - g(0)}{t} \\
&= \left. \frac{dz}{dt} \right|_{t=0} \\
&= \left. \frac{\partial z}{\partial x} \frac{dx}{dt} \right|_{t=0} + \left. \frac{\partial z}{\partial y} \frac{dy}{dt} \right|_{t=0} \\
&= f_x(a_1, a_2) e_1 + f_y(a_1, a_2) e_2 \\
&= \langle \operatorname{grad} f(\boldsymbol{a}), \boldsymbol{e} \rangle
\end{aligned}
$$

さらに $\operatorname{grad} f(a, b) = (f_x(a, b), f_y(a, b)) \neq (0, 0)$ ならば定理 5.1.2 (5) コーシー – シュワルツの不等式より

$$|D_{\boldsymbol{e}} f(\boldsymbol{a})| = |\langle \operatorname{grad} f(\boldsymbol{a}), \boldsymbol{e} \rangle| \leq \|\operatorname{grad} f(\boldsymbol{a})\| \, \|\boldsymbol{e}\| = \|\operatorname{grad} f(\boldsymbol{a})\|$$

かつ等号成立は $\boldsymbol{e} = \lambda \operatorname{grad} f(\boldsymbol{a})$ $(\lambda \in \mathbb{R})$ のときに限る. つまり, $|D_{\boldsymbol{e}} f(\boldsymbol{a})|$ が最大になるのは $\boldsymbol{e}$ と $\operatorname{grad} f(\boldsymbol{a})$ が 1 次従属のときである. 言い換えると, 勾配ベクトル $\operatorname{grad} f(\boldsymbol{a})$ はグラフ $z = f(x, y)$ 上の点 $\boldsymbol{a}$ における最も急勾配な方向を表すベクトルである.

例題 5.3.16

次の関数の原点における方向微分可能性を調べよ.

$$f(x, y) = \begin{cases} \dfrac{x^2 y}{x^4 + y^2} & ((x, y) \neq 0) \\ 0 & ((x, y) = 0) \end{cases}$$

【解答】　$e = (\cos\theta, \sin\theta) \in \mathbb{R}^2,\ t \neq 0$ に対して

$$\frac{f(te) - f(\mathbf{0})}{t} = \frac{1}{t}\frac{(t\cos\theta)^2(t\sin\theta)}{(t\cos\theta)^4 + (t\sin\theta)^2}$$

$$= \frac{\cos^2\theta\sin\theta}{t^2\cos^4\theta + \sin^2\theta}$$

$$\to \begin{cases} \dfrac{\cos^2\theta}{\sin\theta} & (\sin\theta \neq 0) \\ 0 & (\sin\theta = 0) \end{cases} \quad (t \to 0)$$

よってすべての e 方向で微分可能であり，

$$D_e f(\mathbf{0}) = \begin{cases} \dfrac{\cos^2\theta}{\sin\theta} & (\sin\theta \neq 0) \\ 0 & (\sin\theta = 0) \end{cases}$$

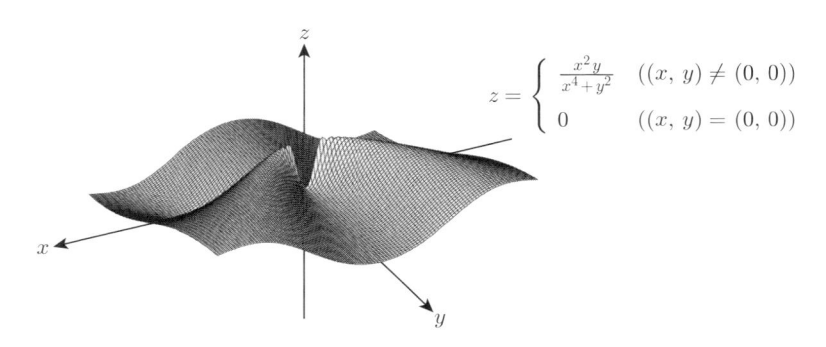

$$z = \begin{cases} \frac{x^2 y}{x^4 + y^2} & ((x,\,y) \neq (0,\,0)) \\ 0 & ((x,\,y) = (0,\,0)) \end{cases}$$

□

注意 5.3.17　すべての方向で微分可能であっても連続とは限らない．例えば例題 5.3.16 の関数は原点では連続ではない．実際，$y = x^2$ の状態で $(x, y) \to (0, 0)$ とすると

$$f(x, y) = \frac{x^4}{x^4 + x^4} = \frac{1}{2} \neq 0 = f(\mathbf{0})$$

より $f(x, y)$ は原点で連続ではない．

問 5.3.3　次の関数 $f(x, y)$ の原点における方向微分可能性を調べよ．

$$f(x, y) = \begin{cases} \dfrac{x^2 - 2y^2}{3x^2 + y^2} & ((x, y) \neq 0) \\ 0 & ((x, y) = 0) \end{cases}$$

5.4 高階偏導関数

高次の偏微分を考えると x と y の偏微分の順序が問題になる.

定義 5.4.1 （**2 次偏導関数**） 2 変数関数 $z = f(x, y)$ の **2 次偏導関数**を

$$f_{xx} = z_{xx} = \frac{\partial^2 f}{\partial x^2} = \frac{\partial^2 z}{\partial x^2} := (f_x)_x,$$

$$f_{xy} = z_{xy} = \frac{\partial^2 f}{\partial y \partial x} = \frac{\partial^2 z}{\partial y \partial x} := (f_x)_y,$$

$$f_{yx} = z_{yx} = \frac{\partial^2 f}{\partial x \partial y} = \frac{\partial^2 z}{\partial x \partial y} := (f_y)_x,$$

$$f_{yy} = z_{yy} = \frac{\partial^2 f}{\partial y^2} = \frac{\partial^2 z}{\partial y^2} := (f_y)_y$$

などと定義する（x と y の順序に注意）．同様に **n 次偏導関数**も定義する．すべての n 次偏導関数が連続のとき，$f(x, y)$ を **C^n 級**という．また任意の $n \in \mathbb{N}$ で C^n 級のとき，**C^∞ 級**という．

例 5.4.2 関数 $z = x^2 y^3$ のとき，

$$z_x = 2xy^3, \quad z_y = 3x^2 y^2$$

だから

$$z_{xx} = 2y^3, \quad z_{xy} = 6xy^2, \quad z_{yx} = 6xy^2, \quad z_{yy} = 6x^2 y \qquad \square$$

問 5.4.1 次の関数 $z = f(x, y)$ の 2 階偏導関数をすべて求めよ.

(1) $ax^2 + bxy + cy^2 + dx + ey$ (2) $\arctan\left(\dfrac{y}{x}\right)$

(3) $\log(x^2 + y^2)$

定理 5.4.3 （**偏微分の順序交換**） 2 変数関数 $f(x, y)$ が C^2 級ならば $f_{xy}(x, y) = f_{yx}(x, y)$ が成立する．一般に C^n 級ならば n 次偏導関数はその順序に依らずすべて等しい.

注意 5.4.4　一般に $f_{xy}(x, y)$ と $f_{yx}(x, y)$ が存在しても等しいとは限らない. 例えば,

$$f(x, y) = \begin{cases} xy\dfrac{x^2 - y^2}{x^2 + y^2} & ((x, y) \neq (0, 0)) \\ 0 & ((x, y) = (0, 0)) \end{cases}$$

とすると（問 5.2.3 (1)）

$$f_x(x, y) = \begin{cases} \dfrac{y(x^4 + 4x^2y^2 - y^4)}{(x^2 + y^2)^2} & ((x, y) \neq (0, 0)) \\ 0 & ((x, y) = (0, 0)) \end{cases},$$

$$f_y(x, y) = \begin{cases} \dfrac{x(x^4 - 4x^2y^2 - y^4)}{(x^2 + y^2)^2} & ((x, y) \neq (0, 0)) \\ 0 & ((x, y) = (0, 0)) \end{cases}$$

であるから $h \neq 0$, $k \neq 0$ に対して

$$\frac{f_x(0, k) - f_x(0, 0)}{k} = -1, \quad \frac{f_y(h, 0) - f_y(0, 0)}{h} = 1$$

よって $f_{xy}(0, 0) = -1$ かつ $f_{yx}(0, 0) = 1$.

例 5.4.5　関数 $z = f(x, y)$, $x = x(t)$, $y = y(t)$ が C^2 級のとき, $z = g(t) = f(x(t), y(t))$ とおくと

$$\begin{aligned}
z'' &= (z_x(x(t), y(t))x'(t) + z_y(x(t), y(t))y'(t))' \\
&= (z_x(x(t), y(t)))'x'(t) + z_x(x(t), y(t))x''(t) \\
&\quad + (z_y(x(t), y(t)))'y'(t) + z_y(x(t), y(t))y''(t) \\
&= (z_{xx}(x(t), y(t))x'(t) + z_{xy}(x(t), y(t))y'(t))x'(t) + z_x(x(t), y(t))x''(t) \\
&\quad + (z_{yx}(x(t), y(t))x'(t) + z_{yy}(x(t), y(t))y'(t))y'(t) + z_y(x(t), y(t))y''(t) \\
&= z_{xx}(x(t), y(t))x'(t)^2 + 2z_{xy}(x(t), y(t))x'(t)y'(t) \\
&\quad + z_{yy}(x(t), y(t))y'(t)^2 \\
&\quad + z_x(x(t), y(t))x''(t) + z_y(x(t), y(t))y''(t) \\
&= \frac{\partial^2 z}{\partial x^2}\left(\frac{dx}{dt}\right)^2 + 2\frac{\partial^2 z}{\partial x \partial y}\frac{dx}{dt}\frac{dy}{dt} + \frac{\partial^2 z}{\partial y^2}\left(\frac{dy}{dt}\right)^2 + \frac{\partial z}{\partial x}\frac{d^2 x}{dt^2} + \frac{\partial z}{\partial y}\frac{d^2 y}{dt^2} \qquad \square
\end{aligned}$$

問 5.4.2　関数 $f(x, y)$ が C^2 級, $x(t) = \cos t$, $y(t) = \sin t$ とする. $g(t) = f(\cos t, \sin t)$ のとき, $g''(t)$ を f_{xx}, f_{xy}, f_{yy}, f_x, f_y を用いて表せ.

> **定理 5.4.6** （連鎖律） 2変数関数 $z = f(x, y)$ を全微分可能, $x = \varphi(u, v)$, $y = \psi(u, v)$ を u, v に関して偏微分可能とすると $z = g(u, v) = f(\varphi(u, v), \psi(u, v))$ は, u, v に関して偏微分可能であり
>
> $$\frac{\partial z}{\partial u} = \frac{\partial z}{\partial x}\frac{\partial x}{\partial u} + \frac{\partial z}{\partial y}\frac{\partial y}{\partial u}, \quad \frac{\partial z}{\partial v} = \frac{\partial z}{\partial x}\frac{\partial x}{\partial v} + \frac{\partial z}{\partial y}\frac{\partial y}{\partial v}$$
>
> が成立する.

例題 5.4.7

関数 $z = f(x, y)$ は C^2 級, $x = r\cos\theta$, $y = r\sin\theta$ のとき, 次を示せ.

(1) $(z_r)^2 + \frac{1}{r^2}(z_\theta)^2 = (z_x)^2 + (z_y)^2$

(2) $z_{rr} + \frac{1}{r}z_r + \frac{1}{r^2}z_{\theta\theta} = z_{xx} + z_{yy}$

【解答】 $z_r = z_x \cdot x_r + z_y \cdot y_r = z_x\cos\theta + z_y\sin\theta,$

$$z_\theta = z_x \cdot x_\theta + z_y \cdot y_\theta = z_x(-r\sin\theta) + z_y(r\cos\theta)$$

である.

(1) $(z_r)^2 + \frac{1}{r^2}(z_\theta)^2 = (z_x\cos\theta + z_y\sin\theta)^2 + (-z_x\sin\theta + z_y\cos\theta)^2$

$$= (z_x)^2 + (z_y)^2$$

(2) $z_{rr} = (z_{xx}\cos\theta + z_{xy}\sin\theta)\cos\theta + (z_{yx}\cos\theta + z_{yy}\sin\theta)\sin\theta$

$$= z_{xx}\cos^2\theta + 2z_{xy}\cos\theta\sin\theta + z_{yy}\sin^2\theta,$$

$z_{\theta\theta} = -\{z_{xx}(-r\sin\theta) + z_{xy}(r\cos\theta)\}r\sin\theta - z_x r\cos\theta$

$$+ \{z_{yx}(-r\sin\theta) + z_{yy}(r\cos\theta)\}r\cos\theta - z_y r\sin\theta$$

$$= z_{xx}r^2\sin^2\theta - 2z_{xy}r^2\cos\theta\sin\theta + z_{yy}r^2\cos^2\theta - z_x r\cos\theta - z_y r\sin\theta$$

より

$$z_{rr} + \frac{1}{r}z_r + \frac{1}{r^2}z_{\theta\theta} = z_{xx}\cos^2\theta + 2z_{xy}\cos\theta\sin\theta + z_{yy}\sin^2\theta$$

$$+ z_x\frac{\cos\theta}{r} + z_y\frac{\sin\theta}{r}$$

$$+ z_{xx}\sin^2\theta - 2z_{xy}\cos\theta\sin\theta + z_{yy}\cos^2\theta$$

$$- z_x\frac{\cos\theta}{r} - z_y\frac{\sin\theta}{r}$$

$$= z_{xx} + z_{yy} \qquad \square$$

問 5.4.3 関数 $z = f(x, y)$ を C^2 級とする．次を示せ．

(1) $x = au + bv,\ y = bu + av\ (a^2 - b^2 = 1)$ のとき，
$$(z_u)^2 - (z_v)^2 = (z_x)^2 - (z_y)^2,$$
$$z_{uu} - z_{vv} = z_{xx} - z_{yy}$$

(2) $x = u \cos\alpha - v \sin\alpha,\ y = u \sin\alpha + v \cos\alpha$ のとき，
$$(z_u)^2 + (z_v)^2 = (z_x)^2 + (z_y)^2,$$
$$z_{uu} + z_{vv} = z_{xx} + z_{yy}$$

(3) $x = r \cosh t,\ y = r \sinh t\ (x + y > 0,\ x - y > 0)$ のとき
$$(z_r)^2 - \frac{1}{r^2}(z_t)^2 = (z_x)^2 - (z_y)^2,$$
$$z_{rr} + \frac{1}{r}z_r - \frac{1}{r^2}z_{tt} = z_{xx} - z_{yy}$$

5.5 テイラーの定理と極値問題

多変数関数のテイラーの定理について述べる．その応用として関数の極値について考察しよう．

定義 5.5.1（偏微分作用素） $a, b \in \mathbb{R}$ に対して，

$$\left(a\frac{\partial}{\partial x} + b\frac{\partial}{\partial y}\right)f(x, y) := a\frac{\partial f}{\partial x}(x, y) + b\frac{\partial f}{\partial y}(x, y)$$

と定義し，**偏微分作用素**という．

例 5.5.2

$$\left(2\frac{\partial}{\partial x} + 3\frac{\partial}{\partial y}\right)x^5 y^7 = 10x^4 y^7 + 21x^5 y^6$$

例 5.5.3 関数 $f(x, y)$ を C^n 級とする. $\boldsymbol{a} = (a, b)$, $\boldsymbol{e} = (e_1, e_2) \in \mathbb{R}^2$, $\|\boldsymbol{e}\| = 1$ に対して,

$$g(t) := f(a + e_1 t, b + e_2 t)$$

とおくと

$$
\begin{aligned}
g^{(n)}(t) &= \frac{d^n}{dt^n}(f(a + te_1, b + te_2)) \\
&= \frac{d^{n-1}}{dt^{n-1}}(e_1 f_x(a + e_1 t, b + e_2 t) + e_2 f_y(a + e_1 t, b + e_2 t)) \\
&= \frac{d^{n-2}}{dt^{n-2}}(e_1^2 f_{xx}(a + e_1 t, b + e_2 t) + 2e_1 e_2 f_{xy}(a + e_1 t, b + e_2 t) \\
&\qquad + e_2^2 f_{yy}(a + e_1 t, b + e_2 t)) \\
&= \cdots = \sum_{k=0}^{n} \binom{n}{k} e_1^{n-k} e_2^k \frac{\partial^n f}{\partial x^{n-k} \partial y^k}(a + e_1 t, b + e_2 t)
\end{aligned}
$$

であるから $f(x, y)$ の点 $\boldsymbol{a}$ における n 次 $\boldsymbol{e}$ 方向微分係数は

$$
\begin{aligned}
D_{\boldsymbol{e}}^n f(\boldsymbol{a}) &= g^{(n)}(0) = \sum_{k=0}^{n} \binom{n}{k} e_1^{n-k} e_2^k \frac{\partial^n f}{\partial x^{n-k} \partial y^k}(a, b) \\
&= \left(e_1 \frac{\partial}{\partial x} + e_2 \frac{\partial}{\partial y} \right)^n f(\boldsymbol{a})
\end{aligned}
$$
□

定理 5.5.4 (**2 変数関数のテイラーの定理**) 領域 D 上で C^n 級関数 $f(x, y)$ と $(a + th, b + tk) \in D$ $(0 \le t \le 1)$ に対して, $0 < \theta < 1$ が存在して,

$$
\begin{aligned}
f(a + h, b + k) &= \sum_{j=0}^{n-1} \frac{1}{j!} \left(h \frac{\partial}{\partial x} + k \frac{\partial}{\partial y} \right)^j f(a, b) \\
&\qquad + \frac{1}{n!} \left(h \frac{\partial}{\partial x} + k \frac{\partial}{\partial y} \right)^n f(a + \theta h, b + \theta k)
\end{aligned}
$$

例 5.5.5 （**2 変数関数の平均値の定理**）　定理 5.5.4（2 変数関数のテイラーの定理）において $n = 1$ のとき 2 変数関数の平均値の定理

$$f(a + h, b + k) - f(a, b) = h f_x(a + \theta h, b + \theta k) + k f_y(a + \theta h, b + \theta k)$$

を得る.　　　　　　　　　　　　　　　　　　　　　　　　　　　□

例題 5.5.6

C^1 級関数 $f(x, y)$ が $B(\boldsymbol{a}, \varepsilon)$ 上で

$$f_x(x, y) = 0, \quad f_y(x, y) = 0$$

ならば $f(x, y)$ は $B(\boldsymbol{a}, \varepsilon)$ 上で定数であることを示せ.

【**解答**】　$\boldsymbol{x} = (x, y) \in B(\boldsymbol{a}, \varepsilon)$ に対して, $h = x - a, k = y - b$ とすると

$$(a + th, b + tk) \in B(\boldsymbol{a}, r) \quad (0 \le t \le 1)$$

であるから定理 5.5.4（2 変数関数のテイラーの定理）を $n = 1$ で適用すれば

$$f(a + h, b + k) - f(a, b) = h f_x(a + \theta h, b + \theta k) + k f_y(a + \theta h, b + \theta k)$$
$$= 0 \quad (0 < \theta < 1)$$

したがって $f(x, y) = f(a, b)$ より定数.　　　　　　　　　　　□

問 5.5.1　C^{n+1} 級関数 $f(x, y)$ のすべての $n + 1$ 次偏導関数が $\mathbb{R}^2$ 上で 0 ならば $f(x, y)$ は高々 n 次の多項式であることを示せ.

定義 5.5.7 （**極大値・極小値**）　関数 $f(x)$ と点 $\boldsymbol{a} \in D$ に対して,

$$\exists \delta > 0, \ \forall \boldsymbol{x} \in B(\boldsymbol{a}, \delta), \ f(\boldsymbol{a}) \ge f(\boldsymbol{x})$$

のとき $f(x)$ は点 $\boldsymbol{a}$ で**極大**といい, 値 $f(\boldsymbol{a})$ を**極大値**という. 同様に**極小**と**極小値**も定義し, 極大値, 極小値を合わせて単に**極値**という.

定理 5.5.8 （**極値の必要条件**） 領域 D 上の偏微分可能な関数 $f(\boldsymbol{x})$ が点 $(a, b) \in D$ で極値をとるとき，

$$f_x(a, b) = f_y(a, b) = 0$$

すなわち点 (a, b) は $f(\boldsymbol{x})$ の**停留点**（または**臨界点**）である．

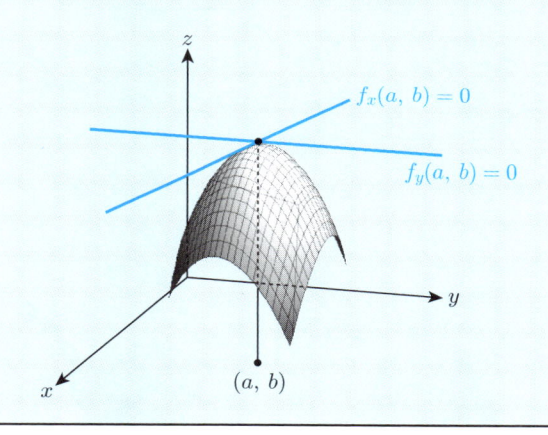

定義 5.5.9 （**ヘッセ行列式**） C^2 級関数 $f(x, y)$ と点 $(a, b) \in D$ に対して，

$$H_f(a, b) := f_{xx}(a, b) f_{yy}(a, b) - f_{xy}(a, b)^2$$
$$= \det \begin{pmatrix} f_{xx}(a, b) & f_{xy}(a, b) \\ f_{yx}(a, b) & f_{yy}(a, b) \end{pmatrix}$$

をヘッセ行列式またはヘッシアンという．

定理 5.5.10　（極値の十分条件）　点 $(a,b) \in D$ が C^n 級関数 $f(x,y)$ の停留点とする.

(1)　$H_f(a,b) > 0$ かつ $f_{xx}(a,b) < 0$ のとき点 (a,b) で $f(x,y)$ は極大である.

(2)　$H_f(a,b) > 0$ かつ $f_{xx}(a,b) > 0$ のとき点 (a,b) で $f(x,y)$ は極小である.

(3)　$H_f(a,b) < 0$ のとき点 (a,b) で $f(x,y)$ は極値をとらない.

(4)　$H_f(a,b) = 0$ のときこの定理ではわからない.

この定理 5.5.10（極値の十分条件）における (1)–(3) をイメージすると次のようになる.

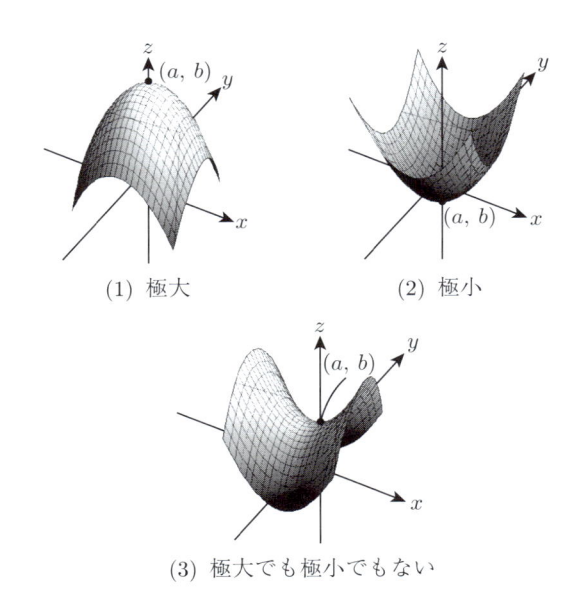

(1) 極大　　　　　(2) 極小

(3) 極大でも極小でもない

(3) のとき点 (a,b) を**峠点**または**鞍点**という.

┌─ 例題 5.5.11 ──────────────────────────

関数

$$f(x, y) = x^3 + y^3 - 3xy$$

の極値を調べよ.
└──────────────────────────────────────

【解答】

$$\begin{cases} f_x = 3x^2 - 3y = 0 \\ f_y = 3y^2 - 3x = 0 \end{cases}$$

より停留点は $(x, y) = (0, 0), (1, 1)$ である. ヘッセ行列式は

$$H_f(x, y) = f_{xx}f_{yy} - f_{xy}^2 = 36xy - 9$$

よって $H_f(0, 0) = -9 < 0$ より点 $(0, 0)$ で f は極値をとらない. また

$$H_f(1, 1) = 27 > 0,$$
$$f_{xx}(1, 1) = 6 > 0$$

より $f(x, y)$ は点 $(1, 1)$ で極小値 $f(1, 1) = -3$ をとる.

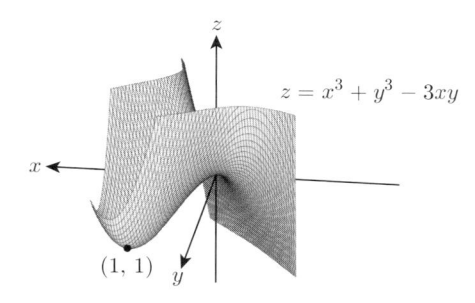

$z = x^3 + y^3 - 3xy$

$\square$

問 **5.5.2** 次の関数 $f(x, y)$ の極値を調べよ.

(1) $xy(1 - x - y)$

(2) $xy(x^2 + y^2 - 1)$

(3) $(x^2 + y^2)^2 - 2a^2(x^2 - y^2)$

5.6　陰関数の定理と条件付き極値問題

2 変数関数 $f(x, y)$ のグラフ

$$G(f) = \{(x, y, z) \in \mathbb{R}^3 \mid (x, y) \in D,\ z = f(x, y)\}$$

の様子を調べるために「等高線」$f(x, y) = c\ (c \in \mathbb{R})$ を考えるのは自然であろう．改めて

$$g(x, y) := f(x, y) - c$$

とおけば $g(x, y) = 0$ を考えることと同じなので $c = 0$ として考えることにする．

例 **5.6.1**　関数 $f(x, y) = x^2 + y^2 - 1$ に対して，$f(x, y) = 0$ を考える．$y = \pm\sqrt{1 - x^2}$ と「解ける」ので原点中心，半径 1 の円だとわかる．

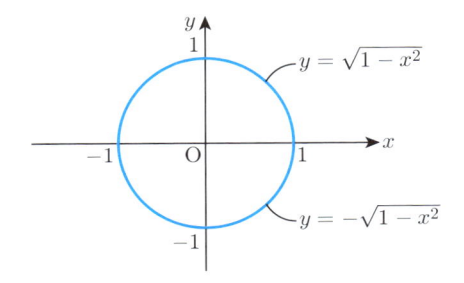

定義 **5.6.2**　（**陰関数**）　2 変数関数 $f(x, y)$ に対して，ある区間で定義された関数 $y = \varphi(x)$ が

$$f(x, \varphi(x)) = 0$$

をみたすとき，$\varphi(x)$ を $f(x, y) = 0$ の**陰関数**という．

定理 5.6.3 （**陰関数定理**） 領域 D 上で C^1 級関数 $f(x, y)$ と点 $(a, b) \in D$ に対して，

$$f(a, b) = 0, \quad f_y(a, b) \neq 0$$

ならば点 a の近くで定義された C^1 級関数 $y = \varphi(x)$ で

(1) $b = \varphi(a)$

(2) $f(x, \varphi(y)) = 0$

をみたすものがただ 1 つ存在する．このとき，

$$\varphi'(x) = -\frac{f_x(x, \varphi(x))}{f_y(x, \varphi(x))}$$

が成立する．$f_x(a, b) \neq 0$ ならば x と y を交換すればよい．

注意 5.6.4 $f_y(a, b) = 0$ のとき，点 a の近くで陰関数 $y = \varphi(x)$ は存在しない．実際，関数

$$f(x, y) = x^2 + y^2 - 1$$

に対して，$f_y(x, y) = 2y = 0$ となるのは $y = 0$．そこで $f(x, y) = 0$ 上の点 $(\pm 1, 0)$ を考えると，この点の近傍では y について「解けない」．

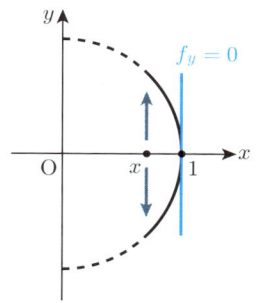

y について「解けない」
$\Leftrightarrow x$ に対して y を 1 つに決められない

例題 5.6.5

C^2 級関数 $f(x, y)$ に対して，$f_y(x, y) \neq 0$ のとき $f(x, y) = 0$ に関する陰関数 $y = \varphi(x)$ の 2 次導関数 $\varphi''(x)$ を求めよ．

【解答】　$f(x, y)$ が C^2 級だから

$$\frac{dy}{dx} = -\frac{f_x(x, y)}{f_y(x, y)}$$

は x に関して微分可能である．よって

$$\frac{d^2 y}{dx^2} = -\frac{\frac{df_x}{dx}(x, y)f_y(x, y) - f_x(x, y)\frac{df_y}{dx}(x, y)}{f_y(x, y)^2}$$

また $y = \varphi(x)$ に注意すると

$$\frac{df_x}{dx}(x, y) = f_{xx}(x, y) + f_{xy}(x, y)\frac{dy}{dx} = f_{xx}(x, y) - f_{xy}(x, y)\frac{f_x(x, y)}{f_y(x, y)}$$

同様に

$$\frac{df_y}{dy}(x, y) = f_{xy}(x, y) - f_{yy}(x, y)\frac{f_x(x, y)}{f_y(x, y)}$$

したがって

$$\varphi''(x) = -\frac{f_{xx}f_y^2 - 2f_{xy}f_x f_y + f_{yy}f_x^2}{f_y^3} \qquad\qquad \square$$

問 5.6.1　関数 $f(x, y) = x^3 + y^3 - 3xy = 0$ に関する陰関数 $y = \varphi(x)$ に対して $\varphi''(x)$ を求めよ．

注意 5.6.6　最も急勾配な方向は等高線に直交していることが数学的に証明できる．つまり等高線 $f(x, y) = 0$ 上の点 (a, b) において関数 $f(x, y)$ が C^1 級かつ $f_y(a, b) \neq 0$ ならば定理 5.6.3（陰関数定理）より $f(x, y) = 0$ の陰関数 $y = \varphi(x)$ が点 (a, b) の近傍で存在する．曲線 $y = \varphi(x)$ の点 (a, b) における接線の方程式は

$$y - b = \varphi'(a)(x - a) = -\frac{f_x(a, b)}{f_y(a, b)}(x - a)$$

であるから，接線の方向ベクトルは $\boldsymbol{x} = (1, \varphi'(a)) \in \mathbb{R}^2$ である．よって最も急勾配の方向を表す勾配ベクトル $\operatorname{grad} f(a, b)$ と接線方向のベクトル $\boldsymbol{x}$ が直交していることを示せばよいので，

$$\langle \operatorname{grad} f(a, b), \boldsymbol{x} \rangle = f_x(a, b) \cdot 1 + f_y(a, b) \cdot \varphi'(a)$$
$$= f_x(a, b) + f_y(a, b)\left(-\frac{f_x(a, b)}{f_y(a, b)}\right) = 0$$

条件 $g(x, y) = 0$ の下で関数 $f(x, y)$ の極値を調べる（**条件付き極値**）.

> **定理 5.6.7**（**ラグランジュの未定乗数法**）C^1 級関数 $f(x, y), g(x, y)$ に対して，条件 $g(x, y) = 0$ の下で点 (a, b) で $f(x, y)$ が極値をとるとする．もし $(g_x(a, b), g_y(a, b)) \neq (0, 0)$ ならば
> $$\begin{cases} f_x(a, b) = \lambda g_x(a, b) \\ f_y(a, b) = \lambda g_y(a, b) \end{cases}$$
> となる $\lambda \in \mathbb{R}$ が存在する．

注意 5.6.8 定理 5.6.7（ラグランジュの未定乗数法）の直観的理解を以下に示す．

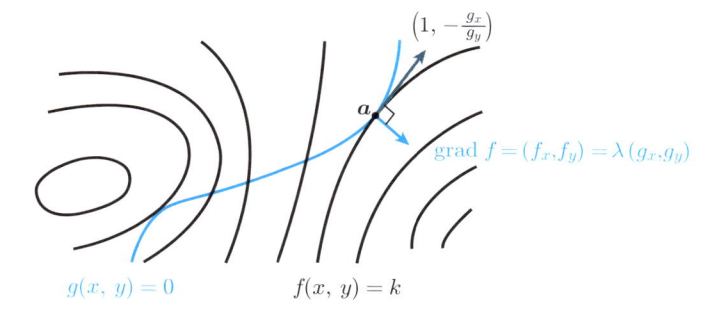

例題 5.6.9

条件 $g(x, y) = x^2 + 2\sqrt{3}\, xy - y^2 - 2 = 0$ の下で関数 $f(x, y) = x^2 + y^2$ の極値を求めよ．

【解答】

$$\begin{cases} f_x(x, y) = \lambda g_x(x, y) \\ f_y(x, y) = \lambda g_y(x, y) \\ g(x, y) = 0 \end{cases} \Leftrightarrow \begin{cases} 2x = \lambda(2x + 2\sqrt{3}\, y) & \cdots (1) \\ 2y = \lambda(2\sqrt{3}\, x - 2y) & \cdots (2) \\ x^2 + 2\sqrt{3}\, xy - y^2 - 2 = 0 & \cdots (3) \end{cases}$$

(1), (2) を整理すると連立 1 次方程式

$$\begin{cases} (1 - \lambda)x = \sqrt{3}\, \lambda y \\ (1 + \lambda)y = \sqrt{3}\, \lambda x \end{cases} \Leftrightarrow \begin{pmatrix} 1 - \lambda & -\sqrt{3}\, \lambda \\ -\sqrt{3}\, \lambda & 1 + \lambda \end{pmatrix} \begin{pmatrix} x \\ y \end{pmatrix} = \begin{pmatrix} 0 \\ 0 \end{pmatrix}$$

を得る．自明な解 $(x, y) = (0, 0)$ は (3) をみたさないので，それ以外の解が存在するためには係数行列の行列式が 0 でなければならない．つまり

$$\det\begin{pmatrix} 1-\lambda & -\sqrt{3}\,\lambda \\ -\sqrt{3}\,\lambda & 1+\lambda \end{pmatrix} = (1-\lambda)(1+\lambda) - 3\lambda^2 = 0$$

を解くと $\lambda = \pm\frac{1}{2}$ を得る．$\lambda = \frac{1}{2}$ のとき $(x,y) = \left(\pm\frac{\sqrt{3}}{2}, \pm\frac{1}{2}\right)$ を得る．また $\lambda = -\frac{1}{2}$ は不適．よって点 $\left(\pm\frac{\sqrt{3}}{2}, \pm\frac{1}{2}\right)$ が $f(x,y)$ が条件付き極値をとる候補である．

　点 $\left(\frac{\sqrt{3}}{2}, \frac{1}{2}\right)$ の近くの陰関数を $y = \varphi(x)$ とする．$g(x, \varphi(x)) = 0$ を x で微分すると

$$g_x + g_y \varphi'(x) = 2x + 2\sqrt{3}\,\varphi(x) + (2\sqrt{3}\,x - 2\varphi(x))\varphi'(x) = 0$$

よって $\frac{1}{2} = \varphi\left(\frac{\sqrt{3}}{2}\right)$ より $\varphi'\left(\frac{\sqrt{3}}{2}\right) = -\sqrt{3}$ を得る．さらに x で微分をすれば

$$2 + 2\sqrt{3}\,\varphi'(x) + (2\sqrt{3} - 2\varphi'(x))\varphi'(x) + (2\sqrt{3}\,x - 2\varphi(x))\varphi''(x) = 0$$

だから $\varphi''\left(\frac{\sqrt{3}}{2}\right) = 8$ を得る．したがって $h(x) := f(x, \varphi(x))$ とおくと

$$h'\left(\tfrac{\sqrt{3}}{2}\right) = 0, \quad h''\left(\tfrac{\sqrt{3}}{2}\right) = 16 > 0$$

がわかるので $h(x)$ は $x = \frac{\sqrt{3}}{2}$ で極小値をとる．つまり $f(x,y)$ は条件 $g(x,y) = 0$ の下で点 $\left(\frac{\sqrt{3}}{2}, \frac{1}{2}\right)$ で極小値 $f\left(\frac{\sqrt{3}}{2}, \frac{1}{2}\right) = 1$ をとる．

　同様に点 $\left(-\frac{\sqrt{3}}{2}, -\frac{1}{2}\right)$ で極小値 $f\left(-\frac{\sqrt{3}}{2}, -\frac{1}{2}\right) = 1$ をとることもわかる．　　　$\square$

　等高線 $f(x,y) = 1$ は双曲線 $g(x,y) = 0$ と頂点 $\left(\pm\frac{\sqrt{3}}{2}, \pm\frac{1}{2}\right)$ で接している．よって実際には $f(x,y)$ の条件 $g(x,y) = 0$ の下における最小値であることがわかる．

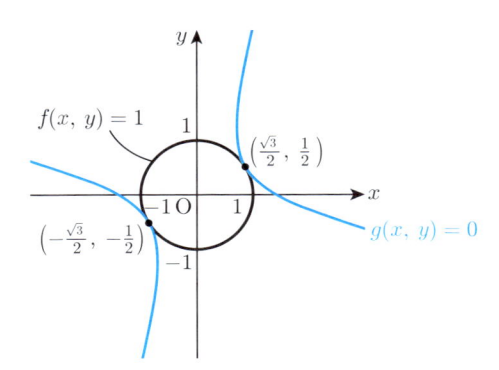

　条件 $g(x,y) = 0$ が有界閉集合であれば定理 5.2.11（最大値・最小値の定理）により最大値・最小値の存在が保証されるので定理 5.6.7（ラグランジュの未定乗数法）と合わせて最大値・最小値を求めることができる．

─── 例題 5.6.10 ───

条件 $g(x,y) = x^2 + y^2 - 1 = 0$ の下で $f(x,y) = 2xy$ の極値を求めよ.

【解答】
$$\begin{cases} f_x(x,y) = \lambda g_x(x,y) \\ f_y(x,y) = \lambda g_y(x,y) \\ g(x,y) = 0 \end{cases} \iff \begin{cases} 2y = \lambda(2x) & \cdots(1) \\ 2x = \lambda(2y) & \cdots(2) \\ x^2 + y^2 - 1 = 0 & \cdots(3) \end{cases}$$

(1), (2) を整理すると連立 1 次方程式 $\begin{pmatrix} -\lambda & 1 \\ 1 & -\lambda \end{pmatrix}\begin{pmatrix} x \\ y \end{pmatrix} = \begin{pmatrix} 0 \\ 0 \end{pmatrix}$ を得る. 自明な解 $(x,y) = (0,0)$ は (3) をみたさないので, それ以外の解が存在するためには係数行列の行列式が 0 でなければならない. つまり

$$\det\begin{pmatrix} -\lambda & 1 \\ 1 & -\lambda \end{pmatrix} = \lambda^2 - 1 = 0$$

を解くと $\lambda = \pm 1$ を得る. $\lambda = 1$ のとき $(x,y) = \left(\pm\frac{1}{\sqrt{2}}, \pm\frac{1}{\sqrt{2}}\right)$ を得る. また $\lambda = -1$ のとき $(x,y) = \left(\pm\frac{1}{\sqrt{2}}, \mp\frac{1}{\sqrt{2}}\right)$ を得る. よってこれらが $f(x,y)$ が条件付き極値をとる候補である. また $g(x,y) = 0$ は有界閉集合だから定理 5.2.11（最大値・最小値の定理）より $f(x,y)$ は必ず最大値・最小値をもつから, これらの候補の中になければならない.

$$f\left(\pm\frac{1}{\sqrt{2}}, \pm\frac{1}{\sqrt{2}}\right) = 1, \quad f\left(\pm\frac{1}{\sqrt{2}}, \mp\frac{1}{\sqrt{2}}\right) = -1$$

より点 $\left(\pm\frac{1}{\sqrt{2}}, \pm\frac{1}{\sqrt{2}}\right)$ で最大値 1, 点 $\left(\pm\frac{1}{\sqrt{2}}, \mp\frac{1}{\sqrt{2}}\right)$ で最小値 -1 をとる.

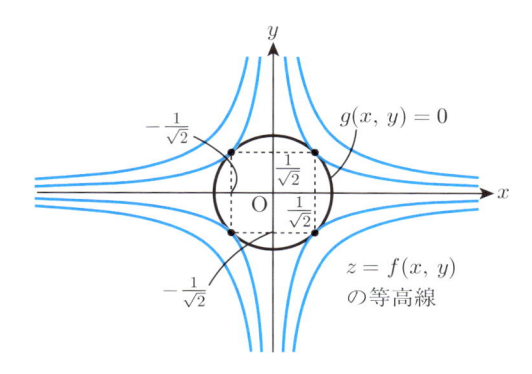

$\Box$

問 5.6.2 条件 $x^2 + y^2 = 1$ の下における次の関数の最大値・最小値を求めよ.
　(1) $x^3 + y^3 - 3x - 3y$ 　　(2) $x^3 + y^3$ 　　(3) $x^3 + y^3 - 3xy$

●●●●●●●●●●●●●●　演 習 問 題　●●●●●●●●●●●●●●●●●●●

演習 5.1　定理 5.1.2 を証明せよ.

演習 5.2　命題 5.1.7（閉包の特徴付け）を証明せよ.

演習 5.3　定理 5.1.12（開集合と閉集合の関係）を証明せよ.

演習 5.4　次の関数 $f(x, y)$ の偏導関数を求めよ.

(1)　$e^{-x^2 - y^2} \sin(ax + by)$

(2)　$\log_y x$

(3)　$x^2 \arctan\left(\dfrac{y}{x}\right) - y^2 \arctan\left(\dfrac{x}{y}\right)$

演習 5.5　次の C^2 級関数 $f(x, y)$ に対して，ラプラシアン $\Delta f = \dfrac{\partial^2 f}{\partial x^2} + \dfrac{\partial^2 f}{\partial y^2}$ を計算せよ.

(1)　$\log \sqrt{x^2 + y^2}$　　(2)　$\arctan\left(\dfrac{y}{x}\right)$

演習 5.6　次の関数 $f(x, y)$ の極値を求めよ.

(1)　$x^2 - xy + y^2 - y$　　(2)　$xy(x^2 + y^2 - 1)$

(3)　$\sin x + \sin y + \cos(x + y)$

演習 5.7　次で定まる x の陰関数 y の極値を求めよ.

(1)　$xy(y - x) = 2$　　(2)　$x^3 - 3xy + y^3 = 0$　　(3)　$x^5 - 5xy^2 + y^5 = 0$

演習 5.8　次の条件下における関数 $f(x, y)$ の最大値・最小値を求めよ.

(1)　$f(x, y) = x^2 + 2y$　$(x^2 + y^2 \le 2)$

(2)　$f(x, y) = xy + \sqrt{9 - x^2 - y^2}$　$(x^2 + y^2 \le 9)$

演習 5.9　$ab \ne 0$ とする．点 (x_0, y_0) から $ax + by + c = 0$ までの最短距離を定理 5.6.7（ラグランジュの未定乗数法）を用いて求めよ.

演習 5.10　$\dfrac{1}{p} + \dfrac{1}{q} = 1$　$(p, q > 0)$ とする．$a > 0$ に対して $\dfrac{x}{p} + \dfrac{y}{q} = a$　$(x, y \ge 0)$ における関数 $f(x, y) = x^{\frac{1}{p}} y^{\frac{1}{q}}$ の極値を考えることによって

$$x^{\frac{1}{p}} y^{\frac{1}{q}} \le \frac{x}{p} + \frac{y}{q} \quad (x, y \ge 0)$$

を示せ.

第 6 章

多変数関数の積分

多変数関数の積分も定義自体は 1 変数の場合と本質的には変わらない．しかし積分領域が複雑になるため計算が難しくなる．基本的には 2 変数の場合を考えるが，最後に一般の d 次元球体の体積を求めて締めくくりたい．

6.1 重積分と累次積分

まず積分領域が長方形の場合の積分について考える．1 変数関数の場合と本質的には変わらないが復習も兼ねてもう一度記しておく．

定義 6.1.1（長方形上の有界関数の重積分の定義） 長方形 $D = [a,b] \times [c,d]$ 上で有界な関数 $f(x,y)$ に対して，分割 $\Delta = (\{x_i\}_{i=0}^m, \{y_j\}_{j=0}^n)$

$$a = x_0 < x_1 < \cdots < x_m = b, \quad c = y_0 < y_1 < \cdots < y_n = d$$

をとり，小長方形 $D_{ij} := [x_{i-1}, x_i] \times [y_{j-1}, y_j] \ (1 \leq i \leq m, 1 \leq j \leq n)$ の面積を

$$\mu(D_{ij}) := (x_i - x_{i-1})(y_j - y_{j-1})$$

と表す．また分割 Δ の幅を

$$\|\Delta\| := \max\{\sqrt{(x_i - x_{i-1})^2 + (y_j - y_{j-1})^2} \mid 1 \leq i \leq m, 1 \leq j \leq n\}$$

とする．

$$m(f; D_{ij}) := \inf\{f(x,y) \mid (x,y) \in D_{ij}\},$$
$$M(f; D_{ij}) := \sup\{f(x,y) \mid (x,y) \in D_{ij}\}$$

とし，下限和 $s(f; \Delta)$，上限和 $S(f; \Delta)$ を

$$s(f; \Delta) := \sum_{i,j} m(f; D_{ij})\mu(D_{ij}), \quad S(f; \Delta) := \sum_{i,j} M(f; D_{ij})\mu(D_{ij})$$

とおく．定義より

$$s(f; \Delta) \leq S(f; \Delta)$$

が成立する．1 変数関数のときと同様に下積分 $s(f)$，上積分 $S(f)$ を

$$s(f) := \sup_{\Delta} s(f; \Delta), \quad S(f) := \inf_{\Delta} S(f; \Delta)$$

とおけば，$s(f) \leq S(f)$ を得る．

　もし $s(f) = S(f)$ ならば関数 $f(x, y)$ は D 上で **2 重積分可能**または単に**重積分可能**といい，この値を

$$\iint_D f(x, y) \, dx dy$$

と表し，関数 $f(x, y)$ の D 上の **2 重積分**また単に**重積分**という．

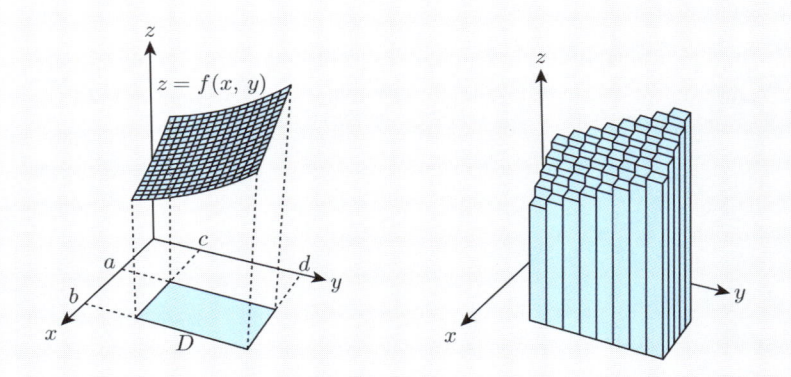

　また以下のダルブーの定理も成立することが知られている：

$$\|\Delta\| \to 0 \ \Rightarrow \ S(f; \Delta) \to S(f), \, s(f; \Delta) \to s(f)$$

したがって関数 $f(x, y)$ が重積分可能であるための必要十分条件は

$$\lim_{\|\Delta\| \to 0} (S(f; \Delta) - s(f; \Delta)) = 0$$

であることもわかる（1 変数関数の定理 3.1.3（ダルブーの定理）と系 3.1.4（有界関数の積分可能性）を参照）．

注意 6.1.2 もし関数 $f(x,y)$ が D 上で連続ならば，小長方形 D_{ij} は有界閉集合だから 1 変数関数の場合と同様に定理 5.2.11（最大値・最小値の定理）より

$$m(f; D_{ij}) := \min\{f(x,y) \mid (x,y) \in D_{ij}\},$$
$$M(f; D_{ij}) := \max\{f(x,y) \mid (x,y) \in D_{ij}\}$$

となる．

例 6.1.3 関数 $f(x,y) = xy$ は正方形 $[0,1] \times [0,1]$ 上で重積分可能であることを定義にしたがって確かめてみよう．

正方形 $[0,1] \times [0,1]$ の分割 $\Delta = (\{x_i\}_{i=0}^m, \{y_j\}_{j=0}^n)$ に対して，

$$m_{ij}(f; \Delta) = x_{i-1}y_{j-1}, \quad M_{ij}(f; \Delta) = x_i y_j$$

より

$$s(f; \Delta) = \sum_{i,j} x_{i-1}y_{j-1}\mu(D_{ij}), \quad S(f; \Delta) = \sum_{i,j} x_i y_j \mu(D_{ij})$$

よって

$$\begin{aligned}
0 \leq S(f; \Delta) - s(f; \Delta) \\
= \sum_{i,j}(x_i y_j - x_{i-1}y_{j-1})\mu(D_{ij}) \\
= \sum_{i,j}\{(x_i - x_{i-1})y_j + x_{i-1}(y_j - y_{j-1})\}\mu(D_{ij}) \\
\leq 2\|\Delta\| \sum_{i,j} \mu(D_{ij}) \\
\leq 2\|\Delta\| \to 0
\end{aligned}$$

$\square$

一般に 1 変数関数の場合と同様に連続関数は重積分可能である．

定理 6.1.4（**長方形上の連続関数の重積分可能性**） 2 変数関数 $f(x,y)$ が長方形 D 上で連続ならば，$f(x,y)$ は D 上で重積分可能である．

定義 6.1.5 （リーマン和） 長方形 D の分割 $(\{x_i\}_{i=0}^m, \{y_j\}_{j=0}^n)$ の各小長方形 D_{ij} から代表点 (ξ_i, η_j) をとり，その列 $\xi = \{(\xi_i, \eta_j)\}_{i,j}$ を代表系という．D 上の有界関数 $f(x,y)$ に対して，

$$R(f; \Delta, \xi) := \sum_{i,j} f(\xi_i, \eta_j)\mu(D_{ij})$$

を (Δ, ξ) に関する $f(x,y)$ のリーマン和という．このとき

$$s(f; \Delta) \leq R(f; \Delta) \leq S(f; \Delta)$$

定理 6.1.6 （**2 変数関数の区分求積法**） 2 変数関数 $f(x,y)$ が長方形 D で重積分可能ならば，$\|\Delta\| \to 0$ のとき代表系 ξ の取り方に依らず

$$\lim_{\|\Delta\| \to 0} R(f; \Delta, \xi) = \iint_D f(x,y)\,dxdy$$

となる．

例 6.1.7 関数 $f(x,y) = xy$ の正方形 $[0,1] \times [0,1]$ における重積分を定理 6.1.6（2 変数関数の区分求積法）使って求めてみよう．

正方形 D の n^2 等分割 $\Delta_n = \left(\left\{\frac{i}{n}\right\}_{i=1}^n, \left\{\frac{j}{n}\right\}_{j=1}^n\right)$ に対して，代表系 $\xi_n = \left\{\left(\frac{i}{n}, \frac{j}{n}\right)\right\}_{i,j}$ をとれば，

$$\begin{aligned}
R(f; \Delta_n, \xi_n) &= \sum_{i,j} \frac{i}{n}\frac{j}{n}\frac{1}{n^2} \\
&= \frac{1}{n^4}\left(\sum_i i\right)\left(\sum_j j\right) \\
&= \frac{1}{n^4}\frac{n(n+1)}{2}\frac{n(n+1)}{2} \to \frac{1}{4} \quad (n \to \infty) \qquad \square
\end{aligned}$$

問 6.1.1 次の関数 $f(x,y)$ の正方形 $[0,1] \times [0,1]$ における重積分を定理 6.1.6（2 変数関数の区分求積法）使って求めよ．

(1) $x^2 y$ 　　(2) $\dfrac{y^2}{1+x}$

これまで重積分を定義にしたがって求めてみたが，実際は累次積分を用いるのが普通である．

定義 6.1.8 （**累次積分**） 長方形 D 上の連続関数 $f(x,y)$ に対して，x を固定して

$$S(x) := \int_c^d f(x,y)\,dy$$

とおくと，$S(x)$ は閉区間 $[a,b]$ 上で連続であることがわかる．特に積分可能であるので，

$$\int_a^b \left(\int_c^d f(x,y)\,dy \right) dx := \int_a^b S(x)\,dx$$

と定義する．同様に $T(y) := \int_a^b f(x,y)\,dx$ を考えて

$$\int_c^d \left(\int_a^b f(x,y)\,dx \right) dy := \int_c^d T(y)\,dy$$

と定義する．これらを**累次積分**という．

定理 6.1.9 （**重積分と累次積分の関係**） 2 変数関数 $f(x,y)$ が長方形 D 上で連続ならば

$$\iint_D f(x,y)\,dxdy = \int_a^b \left(\int_c^d f(x,y)\,dy \right) dx = \int_c^d \left(\int_a^b f(x,y)\,dx \right) dy$$

が成立する．

例 6.1.10 $D = [0,1] \times [0,2]$ のとき

$$\iint_D (x+y)\,dxdy = \int_0^2 \left\{ \int_0^1 (x+y)\,dx \right\} dy$$

$$= \int_0^2 \left[\frac{x^2}{2} + xy \right]_0^1 dy = \int_0^2 \left(\frac{1}{2} + y \right) dy = 3 \qquad \square$$

例 6.1.11　1 変数関数 $f(x)$ が $[a,b]$ 上で連続, 1 変数関数 $g(y)$ が $[c,d]$ 上で連続ならば, 長方形 $D = [a,b] \times [c,d]$ において次が成立する.

$$\iint_D f(x)g(y)\,dxdy = \int_c^d \left(\int_a^b f(x)g(y)\,dx \right) dy$$

$$= \int_c^d \left(g(y) \int_a^b f(x)\,dx \right) dy = \left(\int_a^b f(x)\,dx \right) \left(\int_c^d g(y)\,dy \right) \qquad \square$$

問 6.1.2　次の重積分を計算せよ.

(1)　$\displaystyle \iint_D e^x \cos y \, dxdy, \quad D \colon [0,1] \times \left[0, \frac{\pi}{2}\right]$

(2)　$\displaystyle \iint_D \frac{1}{1 + x^2 + y^2 + x^2 y^2} \, dxdy, \quad D \colon [0,1] \times [0, \sqrt{3}]$

(3)　$\displaystyle \iint_D x \sin(xy) \, dxdy, \quad D \colon [0,\pi] \times [0,1]$

定義 6.1.12　**(有界集合の面積)**　一般の有界集合 $D \subset \mathbb{R}^2$ に対して, 長方形 $D \subset E$ をとり

$$1_D(x,y) := \begin{cases} 1 & ((x,y) \in D) \\ 0 & ((x,y) \in D^c \cap E) \end{cases}$$

とおく. もし関数 $1_D(x,y)$ が E 上で重積分可能ならば D は**面積確定**といい,

$$\mu(D) := \iint_E 1_D(x,y)\,dxdy$$

を D の**面積**という.

注意 6.1.13　有界集合 D が面積確定であることは長方形 E のとり方に依らない.

注意 6.1.14　すべての有界集合が面積確定とは限らない. 例えば, 正方形 $E := [0,1] \times [0,1]$ と $D := \{(x,y) \in E \mid x, y \in \mathbb{Q}\}$ を考える. E の分割 Δ に対して, $m(1_D; D_{ij}) = 0$, $M(1_D; D_{ij}) = 1$ より

$$s(f; \Delta) = 0, \quad S(f; \Delta) = 1$$

したがって,

$$0 = s(1_D) \neq S(1_D) = 1$$

となり, 1_D は E 上で重積分不可能である. つまり D は面積確定ではない.

定義 6.1.15 （有界集合上の有界関数の重積分可能性） 面積確定集合 D に対して，長方形 $D \subset E$ をとり

$$\tilde{f}(x,y) := \begin{cases} f(x,y) & ((x,y) \in D) \\ 0 & ((x,y) \in D^c \cap E) \end{cases}$$

とおく．もし関数 $\tilde{f}(x,y)$ が E 上で重積分可能ならば，$f(x,y)$ は D 上で **重積分可能**であるといい，

$$\iint_D f(x,y)\,dxdy := \iint_E \tilde{f}(x,y)\,dxdy$$

と定義する．

定理 6.1.16 （面積確定集合上の連続関数の重積分可能性） 面積確定集合上の連続関数は重積分可能である．

定理 6.1.17 （縦線領域と横線領域上の重積分） 1 変数関数 $\varphi(x),\,\psi(x)$ は閉区間 $[a,b]$ 上で連続かつ $\varphi(x) \leq \psi(x)$ とする．縦線領域

$$D := \{(x,y) \in \mathbb{R}^2 \mid a \leq x \leq b,\, \varphi(x) \leq y \leq \psi(x)\}$$

は面積確定であり，D 上の連続関数 $f(x,y)$ に対して

$$\int_D f(x,y)\,dxdy = \int_a^b \left(\int_{\varphi(x)}^{\psi(x)} f(x,y)\,dy \right) dx$$

が成立する．特に D の面積は

$$\mu(D) = \int_a^b (\psi(x) - \varphi(x))\,dx$$

である．

また**横線領域**

$$E := \{(x,y) \in \mathbb{R}^2 \mid a \leq y \leq b,\, \varphi(y) \leq x \leq \psi(y)\}$$

は面積確定であり，E 上の連続関数 $f(x,y)$ に対して

$$\int_E f(x,y)\,dxdy = \int_a^b \left(\int_{\varphi(y)}^{\psi(y)} f(x,y)\,dx \right) dy$$

が成立する．特に E の面積は
$$\mu(E) = \int_a^b \left(\psi(y) - \varphi(y) \right) dy$$
である．

例 6.1.18　次の積分領域を縦線領域と横線領域の 2 通りの見方をして計算する．

$$\iint_D x \, dx \, dy, \quad D \colon x^2 + y^2 \le 4, \ x + y \ge 2$$

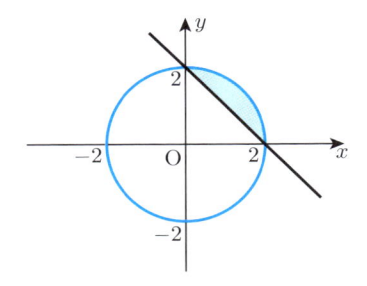

縦線領域とみると
$$D = \{ (x, y) \mid 0 \le x \le 2, \ 2 - x \le y \le \sqrt{4 - x^2} \}$$
だから

$$
\begin{aligned}
\iint_D x \, dx \, dy &= \int_0^2 \left(\int_{2-x}^{\sqrt{4-x^2}} x \, dy \right) dx = \int_0^2 \left(x \sqrt{4 - x^2} - 2x + x^2 \right) dx \\
&= \int_0^2 x \sqrt{4 - x^2} \, dy + \int_0^2 \left(-2x + x^2 \right) dx \\
&= 8 \int_0^{\frac{\pi}{2}} \sin \theta \cos^2 \theta \, d\theta + \left[-x^2 + \frac{1}{3} x^3 \right]_0^2 \\
&= 8 \cdot \frac{1}{2} B \left(1, \frac{3}{2} \right) - \frac{4}{3} = \frac{4}{3}
\end{aligned}
$$

一方，横線領域とみると
$$D = \{ (x, y) \mid 0 \le y \le 2, \ 2 - y \le x \le \sqrt{4 - y^2} \}$$

だから

$$\iint_D x\,dxdy = \int_0^2 \left(\int_{2-y}^{\sqrt{4-y^2}} x\,dx \right) dy = \int_0^2 \left[\frac{1}{2}x^2 \right]_{x=2-y}^{x=\sqrt{4-y^2}} dy$$

$$= \frac{1}{2} \int_0^2 (4y - 2y^2)\,dy = \frac{4}{3}$$

以上のように縦線領域よりも横線領域として見た方がやや簡単だと思う．このようにどちらでも計算可能な場合，ある程度先を見越して計算しやすい方法を選択しよう．　□

問 6.1.3　次の重積分を計算せよ．

(1) $\displaystyle\iint_D (x+2y)\,dxdy, \quad D\colon x^2 \le y \le x+2$

(2) $\displaystyle\iint_D ye^{xy}\,dxdy, \quad D\colon 1 \le x \le 2,\ \frac{1}{x} \le y \le 2$

(3) $\displaystyle\iint_D \sqrt{y-x^2}\,dxdy, \quad D\colon x^2 \le y \le x$

6.2　変 数 変 換

　重積分は累次積分に直して 1 変数の積分に帰着されるが，必ずしもそのままではうまくいかないことも多い．そこで重積分の計算では変数変換が重要になってくる．

定義 6.2.1　（ヤコビ行列式）　(x,y) 平面の面積確定集合 $D \subset \mathbb{R}^2$ と (u,v) 平面の面積確定集合 $E \subset \mathbb{R}^2$ が写像

$$\Phi\colon E \ni (u,v) \leftrightarrow (x,y) = (\varphi(u,v), \psi(u,v)) \in D$$

によって一対一対応とする．2 変数関数 $\varphi(u,v),\ \psi(u,v)$ は C^1 級とし，

$$J(u,v) = \frac{\partial(x,y)}{\partial(u,v)} := \det \begin{pmatrix} \dfrac{\partial \varphi}{\partial u} & \dfrac{\partial \varphi}{\partial v} \\ \dfrac{\partial \psi}{\partial u} & \dfrac{\partial \psi}{\partial v} \end{pmatrix}$$

をヤコビ行列式またはヤコビアンという．常に $J(u,v) \ne 0$ と仮定する．

定理 6.2.2（**変数変換公式**）　面積確定集合 D 上の連続関数 $f(x,y)$ に対して，

$$\iint_D f(x,y)\,dxdy = \iint_E f(\varphi(u,v),\psi(u,v))|J(u,v)|\,dudv$$

── **例題 6.2.3** ──

$a > 0$ に対して

$$\iint_{D(a)} (x^2 + y^2)\,dxdy, \quad D(a): 0 \le x + y \le a,\, 0 \le x - y \le a$$

を求めよ．

【解答】　$u = x - y,\ v = x + y$ とおくと，

$$x = \frac{u+v}{2}, \quad y = \frac{-u+v}{2}$$

である．

$$J(u,v) = \det \begin{pmatrix} \dfrac{1}{2} & \dfrac{1}{2} \\ -\dfrac{1}{2} & \dfrac{1}{2} \end{pmatrix} = \frac{1}{2}$$

より $E(a): 0 \le u \le a,\, 0 \le v \le a$ とすると

$$\iint_{D(a)} (x^2 + y^2)\,dxdy = \frac{1}{4} \iint_{E(a)} (u^2 + v^2)\,dudv$$

$$= \frac{1}{4} \int_0^a \left\{ \int_0^a (u^2 + v^2)\,dv \right\} du = \frac{1}{4} \int_0^a \left[u^2 v + \frac{1}{3} v^3 \right]_{v=0}^{v=a} du$$

$$= \frac{1}{4} \int_0^a \left(au^2 + \frac{a^3}{3} \right) du = \frac{1}{4} \left[\frac{a}{3} u^3 + \frac{a^3}{3} u \right]_0^a = \frac{a^4}{6}$$

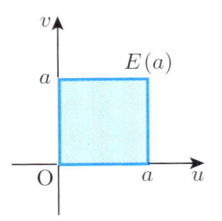
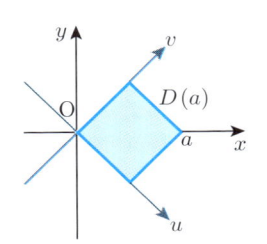

例題 6.2.4

$a > 0$ に対して，

$$\iint_{D(a)} e^{-x^2 - y^2} \, dx dy, \quad D(a): x \geq 0, \, y \geq 0, \, x^2 + y^2 \leq a^2$$

を求めよ．

【解答】 $x = r \cos \theta, \, y = r \sin \theta$ とおく．

$$J(r, \theta) = \det \begin{pmatrix} \cos \theta & -r \sin \theta \\ \sin \theta & r \cos \theta \end{pmatrix} = r$$

より

$$E(a): 0 \leq r \leq a, \, 0 \leq \theta \leq \frac{\pi}{2}$$

とすると

$$\iint_{D(a)} e^{-x^2 - y^2} \, dx dy = \iint_{E(a)} e^{-r^2} r \, dr d\theta$$

$$= \frac{\pi}{2} \int_0^a e^{-r^2} r \, dr = \frac{\pi}{4}(1 - e^{-a^2})$$

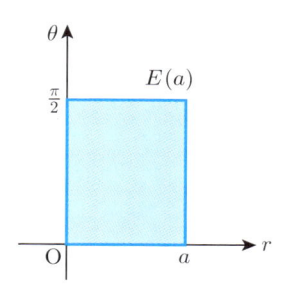 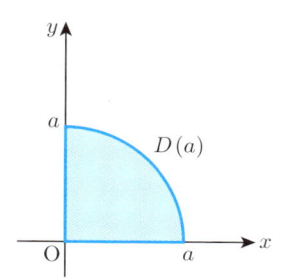

$\square$

問 6.2.1 次の重積分を計算せよ．

(1) $\displaystyle\iint_D x \, dx dy, \quad D: 0 \leq x - y \leq 1, \, 0 \leq x + y \leq 1$

(2) $\displaystyle\iint_D \frac{1}{\sqrt{x^2 + y^2}} \, dx dy, \quad D: x^2 + y^2 \leq 4$

(3) $\displaystyle\iint_D x \, dx dy, \quad D: x^2 + y^2 \leq x, \, y \geq 0$

(4) $\displaystyle\iint_D (x^2 + y^2) \, dx dy, \quad D: \frac{x^2}{4} + \frac{y^2}{9} \leq 1$

6.3 広 義 積 分

　これまでは有界集合上の有界関数に関する重積分について考えてきたが，次に非有界の場合を考察する．話を簡単にするために関数は常に正なものを考えることにする.

定義 6.3.1（**2 変数関数の広義積分**）　2 変数関数 $f(x, y)$ を D 上で連続かつ

$$f(x, y) \geq 0$$

とする．ただし，D は有界閉集合とは限らない．次を仮定する:

(1)　$D_n \subset D$ は面積確定な有界閉集合

(2)　$D_1 \subset D_2 \subset \cdots \subset D_n \subset \cdots, \; D = \bigcup_{n=1}^{\infty} D_n$

(3)　任意の有界閉集合 $K \subset D$ に対して，$K \subset D_n$ が存在する.

もし極限

$$\lim_{n \to \infty} \iint_{D_n} f(x, y) \, dx dy$$

が存在するとき，関数 $f(x, y)$ は D 上で**広義積分可能**であるといい，この極限を

$$\iint_D f(x, y) \, dx dy$$

で表す.

注意 6.3.2　正の関数 $f(x, y)$ が D 上で広義積分可能であることは増加近似列 $(D_n)_{n=1}^{\infty}$ の取り方に依らない.

　宿題として残しておいた定理 3.6.4（ガンマ関数とベータ関数の性質）の (5)，(6) を証明しよう．まず例題 3.5.4 で収束性を確かめた広義積分の値を求める.

— 例題 6.3.3 —

　広義積分 $\displaystyle \int_0^{\infty} e^{-x^2} \, dx$ を求めよ.

【解答】
$$I_n := \int_0^n e^{-x^2} \, dx$$

とする. 極限 $\lim_{n \to \infty} I_n$ が存在することに注意する. $E_n := [0, n] \times [0, n]$ とおくと

$$I_n^2 = \left(\int_0^n e^{-x^2}\, dx \right) \left(\int_0^n e^{-y^2}\, dy \right) = \iint_{E_n} e^{-(x^2+y^2)}\, dxdy$$

また

$$D = [0, \infty) \times [0, \infty), \quad D_n : x, y \geq 0,\ x^2 + y^2 \leq n^2$$

とおくと例題 6.2.4 より

$$\iint_{D_n} e^{-(x^2+y^2)}\, dxdy = \frac{\pi}{4}(1 - e^{-n^2})$$

よって

$$\lim_{n \to \infty} \iint_{D_n} e^{-(x^2+y^2)}\, dxdy = \frac{\pi}{4}$$

したがって広義積分可能で

$$\iint_D e^{-(x^2+y^2)}\, dxdy = \frac{\pi}{4}$$

注意 6.3.2 より広義積分は増加近似列の取り方に依らないから

$$\frac{\pi}{4} = \iint_D e^{-(x^2+y^2)}\, dxdy$$

$$= \lim_{n \to \infty} \iint_{E_n} e^{-(x^2+y^2)}\, dxdy$$

$$= \lim_{n \to \infty} I_n^2 = \left(\lim_{n \to \infty} I_n \right)^2 = \left(\int_0^\infty e^{-x^2}\, dx \right)^2$$

したがって

$$\int_0^\infty e^{-x^2}\, dx = \frac{\sqrt{\pi}}{2}$$

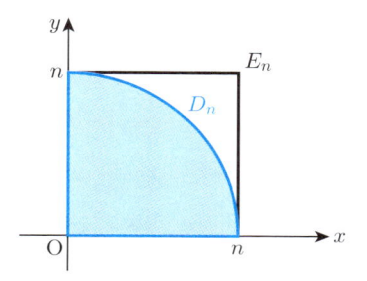

─── **例題 6.3.4** ───

$p, q > 0$ のとき次を示せ.

$$B(p,q) = \frac{\Gamma(p)\Gamma(q)}{\Gamma(p+q)}$$

【解答】 $p, q \geq 1$ とする.

$$D := [0, \infty) \times [0, \infty), \quad D_n := [0, n] \times [0, n]$$

とおくと

$$\left(\int_0^n x^{p-1} e^{-x}\, dx\right)\left(\int_0^n y^{q-1} e^{-y}\, dy\right) = \iint_{D_n} x^{p-1} y^{q-1} e^{-(x+y)}\, dxdy$$

より $n \to \infty$ とすれば

$$\Gamma(p)\Gamma(q) = \iint_{D} x^{p-1} y^{q-1} e^{-(x+y)}\, dxdy$$

を得る.

$$E_n : x, y \geq 0,\ x+y \leq n$$

とする.

$$x = s(1-t), \quad y = st$$

と変数変換をすると

$$E_n \longleftrightarrow F_n : 0 \leq s \leq n,\ 0 \leq t \leq 1$$

であり

$$J(s,t) = s$$

だから

$$
\begin{aligned}
\iint_{E_n} x^{p-1} y^{q-1} e^{-(x+y)}\, dxdy &= \iint_{F_n} \{s(1-t)\}^{p-1} (st)^{q-1} e^{-s} s\, dsdt \\
&= \left(\int_0^n s^{p+q-1} e^{-s}\, ds\right)\left\{\int_0^1 (1-t)^{p-1} t^{q-1}\, dt\right\} \\
&= \left(\int_0^n s^{p+q-1} e^{-s}\, ds\right) B(p,q)
\end{aligned}
$$

ここで

$$\lim_{n\to\infty} \int_0^n s^{p+q-1} e^{-s}\, ds = \Gamma(p+q)$$

であった. 注意 6.3.2 より広義積分は増大近似列の取り方に依らないので

$$\Gamma(p)\Gamma(q) = \iint_D x^{p-1} y^{q-1} e^{-(x+y)} \, dx dy$$

$$= \lim_{n \to \infty} \iint_{E_n} x^{p-1} y^{q-1} e^{-(x+y)} \, dx dy$$

$$= \lim_{n \to \infty} \left(\int_0^n s^{p+q-1} e^{-s} \, ds \right) B(p, q)$$

$$= \Gamma(p+q) B(p, q)$$

$0 < p < 1$ かつ $q \geq 1$ のとき

$$\Gamma(p+q) B(p, q) = \frac{1}{p+q} \Gamma(p+1+q) \cdot \frac{p+q}{p} B(p+1, q)$$

$$= \frac{1}{p} \Gamma(p+1) \Gamma(q)$$

$$= \Gamma(p) \Gamma(q)$$

他の場合も同様にわかる. $\qquad\square$

注意 6.3.5　例題 6.3.4 より定理 3.6.4（ガンマ関数とベータ関数の性質）(6) が証明された. さらに

$$\frac{\Gamma\left(\frac{1}{2}\right) \Gamma\left(\frac{1}{2}\right)}{\Gamma(1)} = B\left(\frac{1}{2}, \frac{1}{2}\right) = \pi$$

よって定理 3.6.4（ガンマ関数とベータ関数の性質）(5)

$$\Gamma\left(\frac{1}{2}\right) = \sqrt{\pi}$$

を得る.

問 6.3.1　次の広義積分を求めよ $(\alpha > 0)$.

(1) $\displaystyle \iint_D \frac{dx dy}{(x^2 + y^2)^{\frac{\alpha}{2}}}, \quad D: 0 < x^2 + y^2 \leq 1$

(2) $\displaystyle \iint_D \frac{dx dy}{(x + y + 1)^3}, \quad D: x, y \geq 0$

(3) $\displaystyle \iint_D (-\log(x^2 + y^2)) \, dx dy, \quad D: 0 < x^2 + y^2 \leq 1$

(4) $\displaystyle \iint_{\mathbb{R}^2} x^2 e^{-(x^2 + y^2)} \, dx dy$

6.4 d 重 積 分

今までは2変数関数の場合を扱ってきたが，一般の d 変数関数の重積分について簡単に紹介する．

定義 6.4.1（d 重積分）　有界閉集合 $D \subset \mathbb{R}^d$ 上の有界な d 変数関数 $f(\boldsymbol{x})$ に対しても d 重積分

$$\int_D f(\boldsymbol{x})\,d\boldsymbol{x}$$

が同様に定義できる．特に $d = 3$ のときは

$$\iiint_D f(x, y, z)\,dxdydz$$

などと表したりもする．また $f(\boldsymbol{x}) = 1$ のとき，d 重積分可能ならば D は（d 次元）体積確定といい，この値を $\mu(D)$ で表し，D の（d 次元）体積という．

─ 例題 6.4.2 ─

次の3重積分を計算せよ．

$$\iiint_D z\,dxdydz, \quad D: x, y, z \geq 0,\ x + y + z \leq 1$$

【解答】
$$\iiint_D z\,dxdydz = \int_0^1 \left\{ \int_0^{1-x} \left(\int_0^{1-x-y} z\,dz \right) dy \right\} dx$$

$$= \int_0^1 \left(\int_0^{1-x} \left[\frac{z^2}{2} \right]_{z=0}^{z=1-x-y} dy \right) dx$$

$$= \int_0^1 \left\{ \int_0^{1-x} \frac{(1-x-y)^2}{2}\,dy \right\} dx$$

$$= \int_0^1 \left[-\frac{(1-x-y)^3}{6} \right]_{y=0}^{y=1-x} dx$$

$$= \int_0^1 \frac{(1-x)^3}{6}\,dx$$

$$= \frac{1}{24}$$

【別解】

$$D_z: x, y \geq 0,\ x + y \leq 1 - z$$

とすると面積は

$$\mu(D_z) = \frac{(1-z)^2}{2}$$

より

$$
\begin{aligned}
\iiint_D z\,dxdydz &= \int_0^1 z\left(\iint_{D_z} dxdy\right)dz \\
&= \frac{1}{2}\int_0^1 z(1-z)^2\,dz \\
&= \frac{1}{24}
\end{aligned}
$$

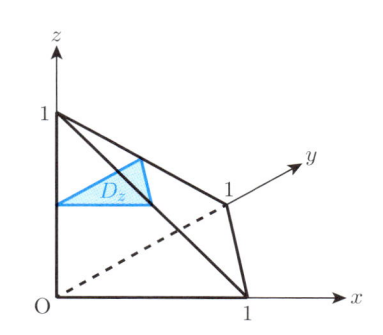

□

問 **6.4.1**　次の 3 重積分を計算せよ.

(1) $\displaystyle\iiint_D y\,dxdydz,\quad D: x, y, z \geq 0,\ x + 2y + z \leq 1$

(2) $\displaystyle\iiint_D xyz\,dxdydz,\quad D: 0 \leq x \leq 1,\ 0 \leq y \leq 1 - x,\ 0 \leq z \leq 2 - y$

(3) $\displaystyle\iiint_D \sin(x + y + z)\,dxdydz,\quad D: 0 \leq y \leq x \leq \frac{\pi}{2},\ 0 \leq z \leq x + y$

> **定義 6.4.3** （ヤコビ行列式）　一対一対応
> $\Phi\colon E \ni \boldsymbol{u} = (u_1, \dots, u_d) \leftrightarrow \boldsymbol{x} = (x_1, \dots, x_d) = (\varphi_1(\boldsymbol{u}), \dots, \varphi_d(\boldsymbol{u})) \in D$
> に対して，Φ のヤコビ行列式またはヤコビアンを
> $$J(\boldsymbol{u}) = \frac{\partial \boldsymbol{u}}{\partial \boldsymbol{x}} := \det \begin{pmatrix} \dfrac{\partial \varphi_1}{\partial x_1} & \cdots & \dfrac{\partial \varphi_1}{\partial x_d} \\ \vdots & & \vdots \\ \dfrac{\partial \varphi_d}{\partial x_1} & \cdots & \dfrac{\partial \varphi_d}{\partial x_d} \end{pmatrix}$$
> とおく．常に $J(\boldsymbol{u}) \neq 0$ と仮定する．

> **定理 6.4.4** （変数変換公式）　体積確定集合 D 上の連続関数 $f(\boldsymbol{x})$ に対して，
> $$\int_D f(\boldsymbol{x})\,d\boldsymbol{x} = \int_E f(\Phi(\boldsymbol{u}))|J(\boldsymbol{u})|\,d\boldsymbol{u}$$

例 6.4.5　$d = 3$ のとき，円柱座標は次で与えられる．
$$\begin{cases} x = r\cos\theta \\ y = r\sin\theta & (r \geq 0,\, 0 \leq \theta \leq 2\pi) \\ z = z \end{cases}$$
に対して
$$\frac{\partial(x, y, z)}{\partial(r, \theta, z)} = \det \begin{pmatrix} \cos\theta & -r\sin\theta & 0 \\ \sin\theta & r\cos\theta & 0 \\ 0 & 0 & 1 \end{pmatrix} = r$$

例題 6.4.6

次の 3 重積分を計算せよ $(a, h > 0)$.

$$\iiint_D (x^2 + y^2)\, dxdydz, \quad D: x^2 + y^2 \leq a^2,\ 0 \leq z \leq h$$

【解答】　例 6.4.5 の方法で円柱座標変換すると

$$E: 0 \leq r \leq a,\ 0 \leq \theta \leq 2\pi,\ 0 \leq z \leq h$$

より

$$\iiint_D (x^2 + y^2)\, dxdydz = \iiint_E r^3\, drd\theta dz$$
$$= \left(\int_0^a r^3\, dr\right)\left(\int_0^{2\pi} d\theta\right)\left(\int_0^h dz\right)$$
$$= \frac{\pi}{2} a^4 h$$

$\square$

問 **6.4.2**　次の 3 重積分を計算せよ $(a, h > 0)$.

(1) $\displaystyle\iiint_D z\, dxdydz, \quad D: x^2 + y^2 \leq z,\ 0 \leq z \leq h$

(2) $\displaystyle\iiint_D z e^{x^2+y^2}\, dxdydz, \quad D: x^2 + y^2 + z^2 \leq a^2,\ 0 \leq z \leq a$

(3) $\displaystyle\iiint_D z^2\, dxdydz, \quad D: x^2 + y^2 + z^2 \leq a^2,\ x^2 + y^2 \leq ax,\ y, z \geq 0$

例 **6.4.7**　**3 次元極座標**は次で与えられる.

$$\begin{cases} x = r \sin\theta \cos\varphi \\ y = r \sin\theta \sin\varphi \quad (r \geq 0,\ 0 \leq \theta \leq \pi,\ 0 \leq \varphi \leq 2\pi) \\ z = r \cos\theta \end{cases}$$

に対して

$$\frac{\partial(x, y, z)}{\partial(r, \theta, \varphi)} = \det \begin{pmatrix} \sin\theta\cos\varphi & r\cos\theta\cos\varphi & -r\sin\theta\sin\varphi \\ \sin\theta\sin\varphi & r\cos\theta\sin\varphi & r\sin\theta\cos\varphi \\ \cos\theta & -r\sin\theta & 0 \end{pmatrix} = r^2 \sin\theta$$

である.

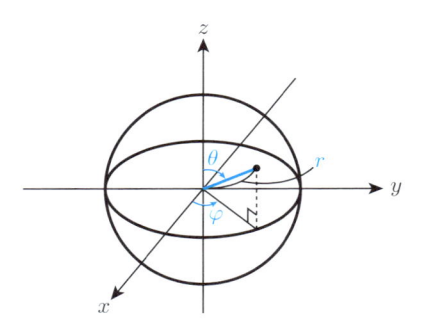

─── 例題 6.4.8 ───

次の 3 重積分を求めよ $(a > 0)$.

$$\iiint_D xyz\,dxdydz, \quad D: x^2 + y^2 + z^2 \le a^2,\ x, y, z \ge 0$$

【解答】　例 6.4.7 の方法で極座標変換すると

$$E: 0 \le r \le a,\ 0 \le \theta \le \frac{\pi}{2},\ 0 \le \varphi \le \frac{\pi}{2}$$

より

$$\iiint_D xyz\,dxdydz = \iiint_E (r\sin\theta\cos\varphi)(r\sin\theta\sin\varphi)(r\cos\theta)r^2\sin\theta\,drd\theta d\varphi$$

$$= \left(\int_0^a r^5\,dr\right)\left(\int_0^{\frac{\pi}{2}} \sin^3\theta\cos\theta\,d\theta\right)\left(\int_0^{\frac{\pi}{2}} \sin\varphi\cos\varphi\,d\varphi\right)$$

$$= \frac{a^6}{6}\frac{1}{4}\frac{1}{2} = \frac{a^6}{48}$$

□

問 6.4.3　次の 3 重積分を計算せよ $(a, b, c > 0)$.

(1)　$\displaystyle\iiint_D \sqrt{1 - x^2 - y^2 - z^2}\,dxdydz, \quad D: x^2 + y^2 + z^2 \le 1$

(2)　$\displaystyle\iiint_D \frac{1}{(x^2 + y^2 + z^2 + a^2)^2}\,dxdydz, \quad D: x^2 + y^2 + z^2 \le a^2,\ x, y, z \ge 0$

(3)　$\displaystyle\iiint_D (x^2 + y^2 + z^2)\,dxdydz, \quad D: \frac{x^2}{a^2} + \frac{y^2}{b^2} + \frac{z^2}{c^2} \le 1$

$d \ge 3$ の場合でも同様に広義積分を考えることができる. 定義は繰返しになるので省略する.

問 **6.4.4**　次の広義積分を求めよ $(a > 0)$.

(1) $\displaystyle\iiint_D \frac{1}{\sqrt{a^2 - x^2 - y^2 - z^2}}\, dxdydz$,　$D \colon x^2 + y^2 + z^2 < a^2$

(2) $\displaystyle\iiint_{\mathbb{R}^3} \frac{1}{(x^2 + y^2 + z^2 + 1)^2}\, dxdydz$

(3) $\displaystyle\iiint_D -\log(x^2 + y^2 + z^2)\, dxdydz$,　$D \colon 0 < x^2 + y^2 + z^2 \leq 1$

例 **6.4.9**　d 次元球面極座標は次で与えられる.

$$\begin{cases} x_1 = r\cos\theta_1 \\ x_2 = r\sin\theta_1 \cos\theta_2 \\ \vdots \\ x_{d-1} = r\sin\theta_1 \cdots \sin\theta_{d-2}\cos\theta_{d-1} \\ x_d = r\sin\theta_1 \cdots \sin\theta_{d-2}\sin\theta_{d-1} \end{cases}$$

ただし,

$$r \geq 0,\quad 0 \leq \theta_1 \leq \pi,\quad \ldots,\quad 0 \leq \theta_{d-2} \leq \pi,\quad 0 \leq \theta_{d-1} \leq 2\pi$$

である. このとき

$$\frac{\partial(x_1, x_2, \ldots, x_d)}{\partial(r, \theta_1, \ldots, \theta_{d-1})} = r^{d-1}\sin^{d-2}\theta_1 \cdots \sin\theta_{d-2}$$

である.　　　　　　　　　　　　　　　　　　　□

例 **6.4.10**　$d \in \mathbb{N}$ と $a > 0$ に対して,

$$\overline{B(\mathbf{0}, a)} := \{\boldsymbol{x} = (x_1, \ldots, x_d) \in \mathbb{R}^d \mid x_1^2 + \cdots + x_d^2 \leq a^2\} \subset \mathbb{R}^d$$

を d 次元球体という. この体積

$$V_d(a) := \int_{\overline{B(\mathbf{0}, a)}} d\boldsymbol{x} = \int \cdots \int_{\overline{B(\mathbf{0}, a)}} dx_1 \cdots dx_d$$

を求めよう. 変数変換 $y_i = ax_i$ $(1 \leq i \leq d)$ を行えば, $J(\boldsymbol{y}) = a^d$ より

$$V_d(a) = a^d \int \cdots \int_{\overline{B(\mathbf{0}, 1)}} dy_1 \cdots dy_d = a^d V_d(1)$$

だから $V_d(1)$ を求めれば十分. $V_2(1) = \pi$ （円の面積）, $V_3(1) = \frac{4}{3}\pi$ （球の体積）であることは既に知っている. d 次元極座標より

$$
\begin{aligned}
V_d(1) &= \int_0^1 \int_0^\pi \cdots \int_0^\pi \int_0^{2\pi} r^{d-1} \sin^{d-2}\theta_1 \cdots \sin\theta_{d-2}\, dr\, d\theta_1 \cdots d\theta_{d-1} \\
&= \frac{2\pi}{d}\left(\int_0^\pi \sin^{d-2}\theta_1\, d\theta_1\right) \cdots \left(\int_0^\pi \sin\theta_{d-2}\, d\theta_{d-2}\right) \\
&= \frac{2\pi}{d} 2^{d-2}\left(\int_0^{\frac{\pi}{2}} \sin^{d-2}\theta_1\, d\theta_1\right) \cdots \left(\int_0^{\frac{\pi}{2}} \sin\theta_{d-2}\, d\theta_{d-2}\right) \\
&= \frac{2\pi}{d} 2^{d-2} \frac{\Gamma\left(\frac{d-1}{2}\right)\Gamma\left(\frac{1}{2}\right)}{2\Gamma\left(\frac{d}{2}\right)} \frac{\Gamma\left(\frac{d-2}{2}\right)\Gamma\left(\frac{1}{2}\right)}{2\Gamma\left(\frac{d-1}{2}\right)} \cdots \frac{\Gamma(1)\Gamma\left(\frac{1}{2}\right)}{2\Gamma\left(\frac{3}{2}\right)} \\
&= \frac{2\pi}{d} \frac{\Gamma\left(\frac{1}{2}\right)^{d-2}}{\Gamma\left(\frac{d}{2}\right)} = \frac{2\pi}{d} \frac{\pi^{\frac{d-2}{2}}}{\Gamma\left(\frac{d}{2}\right)} \\
&= \frac{\pi^{\frac{d}{2}}}{\Gamma\left(\frac{d}{2}+1\right)}
\end{aligned}
$$

したがって

$$
V_d(r) = \frac{\pi^{\frac{d}{2}} a^d}{\Gamma\left(\frac{d}{2}+1\right)} \qquad \Box
$$

問 6.4.5 次の d 重積分を求めよ.

(1) $\displaystyle\int_D d\boldsymbol{x}, \quad D: 0 \le x_1 \le x_2 \le \cdots \le x_d \le 1$

(2) $\displaystyle\int_D d\boldsymbol{x}, \quad D: x_1 + \cdots + x_d \le 1,\, x_1, \ldots, x_d \ge 0$

(3) $\displaystyle\int_{\mathbb{R}^d} \frac{1}{(1 + x_1^2 + \cdots + x_d^2)^d}\, d\boldsymbol{x}$

演 習 問 題

演習 6.1 次の重積分を計算せよ $(a, b, c > 0)$.

(1) $\displaystyle\iint_D \frac{y}{1 + x^2 y^2}\, dxdy, \quad D\colon [0,1] \times [0,1]$

(2) $\displaystyle\iint_D y e^{xy}\, dxdy, \quad D\colon [0,1] \times [0,1]$

(3) $\displaystyle\iint_D \log \frac{y}{x^2}\, dxdy, \quad D\colon 1 \le x \le y \le e$

(4) $\displaystyle\iint_D (x + 1) y\, dxdy, \quad D\colon y^2 \le x,\ x^2 \le y$

(5) $\displaystyle\iint_D \frac{x^m y^n}{x^2 + y^2}\, dxdy, \quad D\colon a^2 \le x^2 + y^2 \le b^2,\ x, y \ge 0\ (m, n \in \mathbb{N})$

(6) $\displaystyle\iint_D (x^2 + y^2)\, dxdy, \quad D\colon 2x \le x^2 + y^2 \le 4,\ x, y \ge 0$

(7) $\displaystyle\iint_D x y e^{x - y}\, dxdy, \quad D\colon 0 \le x + y \le a,\ 0 \le x - y \le a$

(8) $\displaystyle\iiint_D xyz\, dxdydz, \quad D\colon \frac{x^2}{a^2} + \frac{y^2}{b^2} + \frac{z^2}{c^2} \le 1,\ x, y, z > 0$

(9) $\displaystyle\iiint_D z\, dxdydz, \quad D\colon x^2 + y^2 \le z^2,\ x^2 + y^2 + z^2 \le 1,\ 0 \le z \le 1$

(10) $\displaystyle\int_D d\boldsymbol{x}, \quad D\colon \frac{x_1}{a_1} + \cdots + \frac{x_d}{a_d} \le 1\ (a_i > 0),\ x_i \ge 0\ (1 \le i \le d)$

演習 6.2 関数 $f(x)$ が C^1 級のとき，次を示せ.

$$\iint_D f'(x^2 + y^2)\, dxdy = \pi(f(1) - f(0)), \quad D\colon x^2 + y^2 \le 1$$

演習 6.3 次の広義積分を求めよ.

(1) $\displaystyle\iint_D \frac{x + y}{x^2 + y^2}\, dxdy, \quad D\colon 0 \le y \le x \le 1$

(2) $\displaystyle\iint_{\mathbb{R}^2} \frac{1}{(a^2 + x^2 + y^2)^2}\, dxdy \quad (a \in \mathbb{R})$

(3) $\displaystyle\iint_D \frac{x^2 y^2 z^2}{x^2 + y^2 + z^2}\, dxdydz, \quad D\colon 0 < x^2 + y^2 + z^2 \le 1$

(4) $\displaystyle\iint_D \frac{1}{\sqrt{1 - x_1^2 - \cdots - x_d^2}}\, dx_1 \cdots dx_d, \quad D\colon x_1^2 + \cdots + x_d^2 < 1$

演習 6.4　次を証明せよ $(p, q, r > 0)$.

(1)　$\displaystyle\iint_D x^{p-1} y^{q-1} (1 - x - y)^{r-1}\, dxdy = \frac{\Gamma(p)\Gamma(q)\Gamma(r)}{\Gamma(p + q + r + 1)},$

　　　$D: x, y \geq 0,\ x + y \leq 1$

(2)　$\displaystyle\iiint_D x^{p-1} y^{q-1} z^{r-1}\, dxdydz = \frac{\Gamma(p)\Gamma(q)\Gamma(r)}{\Gamma(p + q + r + 1)},$

　　　$D: x, y, z \geq 0,\ x + y + z \leq 1$

(3)　$\displaystyle\iiint_D x^{p-1} y^{q-1} z^{r-1}\, dxdydz = \frac{a^p b^q c^r}{8} \frac{\Gamma\left(\frac{p}{2}\right)\Gamma\left(\frac{q}{2}\right)\Gamma\left(\frac{r}{2}\right)}{\Gamma\left(\frac{p+q+r}{2} + 1\right)},$

　　　$D: x, y, z \geq 0,\ \dfrac{x^2}{a^2} + \dfrac{y^2}{b^2} + \dfrac{z^2}{c^2} \leq 1 \quad (a, b, c > 0)$

演習 6.5　次の図形の体積を求めよ $(a, b, c > 0)$.

(1)　楕円体 $\dfrac{x^2}{a^2} + \dfrac{y^2}{b^2} + \dfrac{z^2}{c^2} \leq 1$

(2)　2 つの円柱 $x^2 + y^2 \leq a^2,\ y^2 + z^2 \leq a^2$ の共通部分

(3)　球 $x^2 + y^2 + z^2 \leq a^2$ と円柱 $x^2 + y^2 \leq ax$ の共通部分

(4)　3 つの円柱 $x^2 + y^2 \leq a^2,\ y^2 + z^2 \leq a^2,\ x^2 + z^2 \leq a^2$ の共通部分

(5)　曲面 $2z = \dfrac{x^2}{a^2} + \dfrac{y^2}{b^2}$，柱面 $x^2 + y^2 = c^2$，平面 $z = 0$ で囲まれた部分

問の解答とヒント

● 第 0 章

問 **0.2.1** $(P \Rightarrow Q) \Leftrightarrow (\neg Q \Rightarrow \neg P)$

P	Q	$\neg P$	$\neg Q$	$P \Rightarrow Q$	$\neg Q \Rightarrow \neg P$
真	真	偽	偽	真	真
真	偽	偽	真	偽	偽
偽	真	真	偽	真	真
偽	偽	真	真	真	真

$\neg(P \vee Q) \Leftrightarrow (\neg P) \wedge (\neg Q)$

P	Q	$\neg P$	$\neg Q$	$P \vee Q$	$\neg(P \vee Q)$	$(\neg P) \wedge (\neg Q)$
真	真	偽	偽	真	偽	偽
真	偽	偽	真	真	偽	偽
偽	真	真	偽	真	偽	偽
偽	偽	真	真	偽	真	真

$\neg(P \wedge Q) \Leftrightarrow (\neg P) \vee (\neg Q)$

P	Q	$\neg P$	$\neg Q$	$P \wedge Q$	$\neg(P \wedge Q)$	$(\neg P) \vee (\neg Q)$
真	真	偽	偽	真	偽	偽
真	偽	偽	真	偽	真	真
偽	真	真	偽	偽	真	真
偽	偽	真	真	偽	真	真

● 第 1 章

問 **1.1.1** (1) $\dfrac{1}{n}\left(1 + \dfrac{1}{r} + \cdots + \dfrac{1}{r^{n-1}}\right) = \dfrac{1}{n}\dfrac{1 - r^{-n}}{1 - r^{-1}} \to 0 \quad (n \to \infty)$

(2) $\dfrac{1}{n}\left(1 + \dfrac{1}{2^2} + \cdots + \dfrac{1}{n^2}\right) < \dfrac{1}{n}\left\{1 + \dfrac{1}{1 \cdot 2} + \cdots + \dfrac{1}{(n-1)n}\right\}$

$$= \dfrac{1}{n}\left\{1 + \left(\dfrac{1}{1} - \dfrac{1}{2}\right) + \cdots + \left(\dfrac{1}{n-1} - \dfrac{1}{n}\right)\right\}$$

$$= \frac{1}{n}\left(2 - \frac{1}{n}\right) \to 0 \quad (n \to \infty)$$

問 1.1.2 (1) $|a_n^3 - a_n - 6| \leq |a_n - 2||a_n^2 + 2a_n + 3|$

(2) 十分大きな n で $a_n > 1$ としてよい. $\left|\frac{1}{a_n} - \frac{1}{2}\right| = \frac{|a_n - 2|}{|2a_n|}$

問 1.1.3 (1) $c = 1 + \delta \ (\delta > 0)$ とおいて 2 項展開.

(2) $N > c$ となる $N \in \mathbb{N}$ をとれば, $n \geq N$ のとき

$$0 < \frac{c^n}{n!} = \frac{c^{N-1}}{(N-1)!}\frac{c}{N}\cdots\frac{c}{n} \leq \frac{c^{N-1}}{(N-1)!}\left(\frac{c}{N}\right)^{n-N+1} \to 0 \quad (n \to \infty)$$

(3) $0 \leq \frac{n!}{n^n} = \frac{n}{n}\frac{n-1}{n}\cdots\frac{1}{n} = 1 \cdot \left(1 - \frac{1}{n}\right)\cdots\frac{1}{n} < \frac{1}{n} \to 0 \quad (n \to \infty)$

問 1.2.1 明らかに $a_n > 0$. 数学的帰納法で上に有界かつ単調増加であることを示す. $a_2 > a_1$ は明らか. $a_n - a_{n-1} > 0$ と仮定すれば $a_{n+1}^2 - a_n^2 = a_n - a_{n-1} > 0$. $a_1 < 2$ は明らか. $a_n < 2$ と仮定すれば $a_{n+1} = \sqrt{1 + a_n} < \sqrt{3} < 2$. 極限値は $\frac{1+\sqrt{5}}{2}$.

問 1.2.2 例題 1.1.12 のように 2 項定理を使って求めることもできるが, 自明のようだが $\sqrt{\frac{1}{n}} \to 0$ を用いる. しかしこれは関数 $f(x) = \sqrt{x}$ の連続性を必要とする.

(1) $c = 1$ のとき明らかに極限値は 1. $c > 1$ のとき $a_n = \sqrt[n]{c}$ は下に有界かつ単調減少であるから収束. 極限値を α とすると $a_n > 1$ より $\alpha \geq 1$. $\alpha > 1$ と仮定すれば $\alpha = 1 + \delta \ (\delta > 0)$ とかける. $a_n > \alpha = 1 + \delta$ だから $c > (1+\delta)^n > n\delta \to \infty$ より矛盾. よって $\alpha = 1$. $0 < c < 1$ のときは $d = \frac{1}{c}$ とおけば極限値 1 がわかる.

(2) $a_n = \sqrt[n]{n} - 1 \geq 0$ とおいて $(1 + a_n)^n$ を 2 項展開.

問 1.3.1 (1) 上限は 1, 下限は $-\frac{1}{2}$ (2) 上限は 1, 下限は -1

(3) 上限は 2, 下限は 0

問 1.4.1 (1) $\frac{1}{n^2} < \frac{1}{n(n-1)} \ (n \geq 2)$ かつ

$$\sum_{k=2}^{n} \frac{1}{k(k-1)} = \sum_{k=2}^{n}\left(\frac{1}{k-1} - \frac{1}{k}\right) = 1 - \frac{1}{n} < 1 \quad (n \geq 2)$$

より収束.

(2) $\frac{1}{\sqrt{n}} \geq \frac{1}{n}$ より発散. (3) $\frac{1}{n^2 - n + 1} \leq \frac{1}{(n-1)^2} \ (n \geq 2)$ より収束.

(4) $\frac{1}{\sqrt{n^2 - 1}} \geq \frac{1}{n}$ より発散.

問 1.4.2 (1) $\frac{(n+1)^k c^{n+1}}{n^k c^n} = \left(1 + \frac{1}{n}\right)^k c \to c \ (n \to \infty)$ より $c < 1$ のとき収束, $c > 1$ のとき発散. $c = 1$ のときは明らかに発散.

(2) $\frac{(n+1)! c^{n+1}}{n! c^n} = (n+1)c \to \infty \ (n \to \infty)$ より発散.

(3) $\frac{(n+1)!}{(n+1)^{n+1}}\frac{n^n}{n!} = \left(\frac{n}{n+1}\right)^n \to e^{-1} < 1$ より収束.

問 1.4.3 (1) $\left|\frac{\sin(nc)}{n^2}\right| \leq \frac{1}{n^2}$ より絶対収束.

(2) $\frac{1}{\log(n+1)} > \frac{1}{n}$ より絶対収束しないが条件収束.

(3) $\sin\left(\frac{n\pi}{4}\right) \not\to 0 \ (n \to \infty)$ より発散.

問 1.4.4 定義通り計算すればよい.

問 1.5.1 (1) $|(x^2 + 2x) - 3| \le (|x| + 3)|x - 1|$

(2) $\left|\dfrac{x^3 - 1}{x - 1} - 3\right| = |(x^2 + x + 1) - 3| \le (|x| + 2)|x - 1|$

問 1.5.2 (1) $0 < x < 1$ のとき $1 + x < e^x < \frac{1}{1-x}$ より $x \to +0$ とすればよい. $x \to -0$ も同様. 極限は 1.

(2) $n \le x < n + 1$ のとき $\left(1 + \frac{1}{n+1}\right)^n < \left(1 + \frac{1}{x}\right)^x < \left(1 + \frac{1}{n}\right)^{n+1}$ より $x \to \infty$ のとき $n \to \infty$ なので極限は e.

(3) $\dfrac{\sin(ax)}{bx} = \dfrac{a}{b}\dfrac{\sin(ax)}{ax} \to \dfrac{a}{b} \ (x \to 0)$

(4) $\dfrac{1 - \cos x}{x^2} = \dfrac{1 - \cos^2 x}{x^2(1 + \cos x)} = \dfrac{\sin^2 x}{x^2}\dfrac{1}{1 + \cos x} \to \dfrac{1}{2} \quad (x \to 0)$

問 1.5.3 (1) $x_n = \dfrac{2}{(2n-1)\pi} \to \infty \ (n \to \infty)$ のとき $\lim\limits_{n \to \infty} \sin\left(\frac{1}{x_n}\right)$ は収束しないので不連続.

(2) $\left|x \sin\left(\frac{1}{x}\right)\right| \le |x| \to 0 \ (x \to 0)$ より連続.

問 1.5.4 $\log x = a, \log y = b$ とおくと $x = e^a, y = e^b$. $xy = e^a e^b = e^{a+b}$ より $\log(xy) = a + b = \log x + \log y$.

問 1.5.5 (1) $a^x a^y = e^{x \log a} e^{y \log a} = e^{(x+y) \log a} = a^{x+y}$

(2) $\log a^x = \log e^{x \log a} = x \log a$ より $(a^x)^y = e^{y \log a^x} = e^{xy \log a} = a^{xy}$.

問 1.5.6 $\log_a x = s, \log_a y = t$ とおくと $x = a^s, y = a^t$. $xy = a^s a^t = a^{s+t}$ より $\log_a(xy) = s + t = \log_a x + \log_a y$.

問 1.5.7 略

問 1.5.8 (1) $\dfrac{\pi}{6}$ (2) $-\dfrac{\pi}{6}$ (3) $\dfrac{\pi}{3}$ (4) $\dfrac{\pi}{2}$

問 1.5.9 (1) $\arctan\left(\frac{1}{2}\right) = x, \arctan\left(\frac{1}{3}\right) = y$ とおくと $\tan x = \frac{1}{2}, \tan y = \frac{1}{3}$.

$$\tan(x + y) = \frac{\tan x + \tan y}{1 - \tan x \tan y} = 1$$

より $x + y = \arctan 1 = \frac{\pi}{4}$.

(2) $\arctan\left(\frac{1}{3}\right) = x, \arctan\left(\frac{1}{7}\right) = y$ とおくと $\tan x = \frac{1}{3}, \tan y = \frac{1}{7}$.

$$\tan(2x) = 2\frac{\tan x}{1 - \tan^2 x} = \frac{3}{4}$$

だから

$$\tan(2x + y) = \frac{\tan(2x) + \tan y}{1 - \tan(2x) \tan y} = 1$$

より $2x + y = \arctan 1 = \frac{\pi}{4}$.

演習 1.1 (1) $|(a_n + b_n) - (\alpha + \beta)| \leq |a_n - \alpha| + |b_n - \beta|$

(2) $|ca_n - c\alpha| = |c| |a_n - \alpha|$

(3) 数列 (b_n) が有界であることに注意して

$$|a_n b_n - \alpha\beta| \leq |(a_n - \alpha)| |b_n| + |\alpha| |b_n - \beta|$$

(4) 十分大きな n で $b_n \neq 0$ であることに注意して

$$\left| \frac{a_n}{b_n} - \frac{\alpha}{\beta} \right| = \frac{|a_n\beta - b_n\alpha|}{|b_n| |\beta|} \leq \frac{|a_n - \alpha| |\beta| + |b_n - \beta| |\alpha|}{|b_n| |\beta|}$$

演習 1.2 $a_n - \alpha \leq c_n - \alpha \leq b_n - \alpha$

演習 1.3 $\alpha = 0$ で考えれば十分. $\varepsilon > 0$ とする. 命題 1.2.3（収束列の有界性）より

$$\exists M > 0, \forall n \in \mathbb{N}, |a_n| \leq M$$

さらに $\lim\limits_{n \to \infty} a_n = 0$ より

$$\exists K \in \mathbb{N}, n > K \ \Rightarrow \ |a_n| < \frac{\varepsilon}{2}$$

また注意 1.3.7（アルキメデスの原理）より $\lim\limits_{n \to \infty} \frac{KM}{n} = 0$ だから

$$\exists N \geq K, n > N \ \Rightarrow \ \frac{KM}{n} < \frac{\varepsilon}{2}$$

よって $n > N$ のとき

$$\left| \frac{a_1 + a_2 + \cdots + a_n}{n} \right| = \left| \frac{a_1 + a_2 + \cdots + a_K + a_{K+1} + \cdots + a_n}{n} \right|$$

$$\leq \frac{KM}{n} + \frac{n - K}{n} \frac{\varepsilon}{2} < \varepsilon$$

演習 1.4 $a_n = \frac{a}{n}$ は下に有界な単調減少列より収束する. そこで $a_n \to \alpha$ とすると $a_{2n} \to \alpha$ かつ $a_{2n} = \frac{a}{2n} = \frac{1}{2}a_n \to \frac{\alpha}{2}$ より $\alpha = 0$.

演習 1.5 $|a_n - \alpha| \leq r|a_{n-1} - \alpha| \leq \cdots \leq r^{n-N}|a_N - \alpha|$

演習 1.6 (1) $a_{2n+1} - a_{2n} = \dfrac{a_{2n-1} - a_{2n}}{(a_{2n} + 1)(a_{2n-1} + 1)}$

(2) $\lim\limits_{n \to \infty} a_{2n-1} = \alpha, \lim\limits_{n \to \infty} a_{2n} = \beta$ とおけば漸化式より $\alpha = \frac{1}{\beta+1}, \beta = \frac{1}{\alpha+1}$ を得る.

(3) $\dfrac{\sqrt{5} - 1}{2}$

演習 1.7 (1) 発散 (2) 収束 (3) 収束 (4) 収束

演習 1.8 $0.\dot{a}_1 a_2 \cdots \dot{a}_N = \dfrac{a_1 a_2 \cdots a_N}{99 \cdots 9}$

演習 1.9 (1) $a - b$ (2) 1 (3) $\frac{b}{a}$ (4) e^a

演習 1.10 $g(x) = f(x) - x$ とおいて定理 1.5.17（中間値の定理）を使う.

演習 1.11 $a \in I$ とする．注意 1.3.8（有理数の稠密性）より

$$\exists a_n \in I \cap \mathbb{Q}, \ \lim_{n \to \infty} a_n = a$$

よって $f(x)$, $g(x)$ の連続性より

$$f(a) = \lim_{n \to \infty} f(a_n) = \lim_{n \to \infty} g(a_n) = g(a)$$

演習 1.12 $x \in \mathbb{Q}$ のとき 1, $x \notin \mathbb{Q}$ のとき 0.

● **第 2 章**

問 2.1.1 (1) $\dfrac{\cos(x+h) - \cos x}{h} = \dfrac{\cos x (\cos h - 1) - \sin x \sin h}{h}$

$$= \cos x \frac{\cos h - 1}{h} - \sin x \frac{\sin h}{h} \to -\sin x \quad (h \to 0)$$

(2) $\dfrac{\sin(x+h) - \sin x}{h} = \dfrac{\sin x (\cos h - 1) + \cos x \sin h}{h}$

$$= \sin x \frac{\cos h - 1}{h} + \cos x \frac{\sin h}{h} \to \cos x \quad (h \to 0)$$

(3) $\dfrac{\tan(x+h) - \tan x}{h} = \dfrac{1}{h} \left(\dfrac{\sin(x+h)}{\cos(x+h)} - \dfrac{\sin x}{\sin h} \right)$

$$= \frac{\sin h}{h} \frac{1}{\cos(x+h)} \frac{1}{\cos x} \to \frac{1}{\cos^2 x} \quad (h \to 0)$$

問 2.1.2 略

問 2.1.3 (1) $(a^x)' = (e^{x \log a})' = e^{x \log a} \log a = a^x (\log a)$

(2) $(\log_a |x|)' = \left(\dfrac{\log |x|}{\log a} \right)' = \dfrac{1}{x \log a}$

(3) $y = x^x$ とおくと $\log y = x \log x$ より $\dfrac{y'}{y} = \log x + 1$. よって $y = x^x (\log x + 1)$.

問 2.1.4 略

問 2.1.5 (1) $-\dfrac{1}{6}$　(2) 1　(3) 0　(4) $\dfrac{2}{3}$　(5) 1

問 2.2.1 (1) $(a^x)^{(n)} = a^x (\log a)^n$

(2) $(\log_a |x|)^{(n)} = \dfrac{(-1)^{n-1} (n-1)^n}{\log a} x^{-n}$

問 2.2.2 (1) $\left(\dfrac{1}{x^2 + 5x + 6} \right)^{(n)} = \left(\dfrac{1}{x+2} - \dfrac{1}{x+3} \right)^{(n)}$

$$= (-1)^n n! \, (x+2)^{-(n+1)}$$
$$- (-1)^n n! \, (x+3)^{-(n+1)}$$

(2) $(x^3 \sin x)^{(n)} = x^3 (\sin x)^{(n)} + 3 \binom{n}{1} x^2 (\sin x)^{(n-1)}$

$$+ 6 \binom{n}{2} x (\sin x)^{(n-2)} + 6 \binom{n}{3} (\sin x)^{(n-3)}$$

$$= x^3 \sin\left(x + \frac{n\pi}{2}\right) + 3 \binom{n}{1} x^2 \sin\left(x + \frac{(n-1)\pi}{2}\right)$$

$$+ 6 \binom{n}{2} x \sin\left(x + \frac{(n-2)\pi}{2}\right)$$

$$+ 6 \binom{n}{3} \sin\left(x + \frac{(n-3)\pi}{2}\right)$$

(3) $\displaystyle e^x \sum_{k=0}^{n} \binom{n}{k} 2^{k-1} \sin\left(2x + \frac{k\pi}{2}\right)$

問 2.2.3 $f'(x) = 2x \ (x \geq 0), \ -2x \ (x < 0)$ より C^1 級だが $x = 0$ で 2 回微分できない.

問 2.2.4 (1) 1.648 (2) 7.389 (3) 0.841

問 2.3.1 $t = \frac{1}{x}$ とおくと $x \to +0$ のとき $t \to \infty$ だから $\frac{x^{-a}}{-\log x} = \frac{t^a}{\log t} \to \infty$

問 2.3.2 (1) $-\dfrac{1}{2}$ (2) $e^{\frac{1}{3}}$ (3) $\dfrac{8}{3}$

演習 2.1 (1) $2^{\sin x} \cos x \log 2$ (2) $2x^{\log x - 1} \log x$

(3) $-\dfrac{3 \sin(3 \arcsin x)}{\sqrt{1 - x^2}}$ (4) $\dfrac{\sin x}{2|\sin x|}$ (5) $-\dfrac{1}{x\sqrt{1 - x^2}}$

演習 2.2 (1) 微分可能   (2) 微分不可能

演習 2.3 (1) $(-1)^{n+1} \dfrac{(ad - bc)c^{n-1} n!}{(cx + d)^{n+1}}$ (2) $\dfrac{(-1)^{n-2}(n-2)!}{x^{n-1}}$

(3) $\dfrac{1}{2}\left\{(a + b)^n \sin\left((a + b)x + \dfrac{n\pi}{2}\right) - (a - b)^n \sin\left((a - b)x + \dfrac{n\pi}{2}\right)\right\}$

(4) $\displaystyle \sum_{k=0}^{n} (-1)^k \binom{n}{k}^2 n! \, (1 + x)^k (1 - x)^{n-k}$

演習 2.4 略

演習 2.5 (1) $f^{(2n)}(0) = 0, \ f^{(2n+1)}(0) = (-1)^n (2n)!$

(2) $f^{(2n)}(0) = 0, \ f^{(2n+1)}(0) = (-1)^n 1^2 \cdot 3^2 \cdots (2n-1)^2$

演習 2.6 (1) $(x^2 - 1)^n$ は $2n$ 次の多項式である.

(2) $y = (x^2 - 1)^n$ とおくと $(x^2 - 1)y' = 2nxy$ 両辺を $n + 1$ 回微分する.

演習 2.7 (1) 数学的帰納法による. $T_1(x) = \cos\theta = x, \ U_1(x) = \frac{\sin(2\theta)}{\sin\theta} = 2\cos\theta = 2x$. $T_n(x), U_n(x)$ が n 次と仮定すれば,

$$T_{n+1}(x) = \cos(n+1)\theta = \cos(n\theta)\cos\theta - \sin(n\theta)\sin\theta$$

$$= xT_n(x) - U_{n-1}(x)(1-x^2)$$

これより $T_{n+1}(x)$ は $(n+1)$ 次式. $U_{n+1}(x)$ も同様である.

(2) (3) $T_n'(x) = nU_{n-1}(x)$, $(1-x^2)U_n'(x) = -(n+1)T_{n+1}(x) + xU_n(x)$ よりわかる.

演習 2.8 略

演習 2.9 (1) 定理 2.1.19（平均値の定理）を用いる.

(2) $f(x) = \arcsin x + \arccos x$ として (1) を利用する.

演習 2.10 定理 2.1.19（平均値の定理）を用いる.

演習 2.11 (1) (2) 共に定理 2.2.7（テイラーの定理）を用いる.

演習 2.12 (1) $\dfrac{a^2}{b^2}$ (2) 1   (3) 1

(4) $\dfrac{\pi^2}{6}$ (5) 1   (6) 1   (7) 0

● 第 3 章

問 3.1.1 分割 $\Delta = \{x_k\}_{k=1}^n$ に対して, $m_k(f, \Delta) = f(x_{k-1})$, $M_k(f, \Delta) = f(x_k)$ より

$$0 \le S(f; \Delta) - s(f; \Delta) = \sum_{k=1}^n (f(x_k) - f(x_{k-1}))(x_k - x_{k-1})$$

$$\le |\Delta| \sum_{k=1}^n (f(x_k) - f(x_{k-1})) = |\Delta||f(b) - f(a) \to 0$$

問 3.1.2 (1) 分割 $\Delta_n = \left\{\frac{ak}{n}\right\}_{k=0}^n$, 代表系 $\xi_n = \left\{\frac{ak}{n}\right\}_{k=1}^n$ に対して

$$R(f; \Delta_n, \xi_n) = \sum_{k=1}^n 1\frac{a}{n} = a$$

(2) 分割 $\Delta_n = \left\{\frac{k}{n}\right\}_{k=0}^n$, 代表系 $\xi_n = \left\{\frac{k}{n}\right\}_{k=1}^n$ に対して

$$R(f; \Delta_n, \xi_n) = \sum_{k=1}^n \left(\frac{k}{n}\right)^3 \frac{1}{n} = \frac{1}{n^4} \sum_{k=1}^n k^2 = \frac{1}{n^4} \frac{n^2(n+1)^2}{4} \to \frac{1}{4}$$

(3) 分割 $\Delta_n = \left\{\frac{k}{n}\right\}_{k=0}^n$, 代表系 $\xi_n = \left\{\frac{k}{n}\right\}_{k=0}^{n-1}$ に対して

$$R(f; \Delta_n, \xi_n) = \sum_{k=0}^{n-1} e^{\frac{k}{n}} \frac{1}{n} = \frac{1}{n} \frac{e-1}{e^{\frac{1}{n}}-1} = (e-1)\frac{\frac{1}{n}}{e^{\frac{1}{n}}-1} \to e-1$$

問 3.2.1 (1) $(\log(1+x))' = \dfrac{1}{1+x}$ より

$$\sum_{k=1}^n \frac{1}{n+k} = \frac{1}{n} \sum_{k=1}^n \frac{1}{1+\frac{k}{n}} \to \int_0^1 \frac{1}{1+x}\,dx = \log 2$$

(2)　$\left(\dfrac{2}{3}x^{\frac{3}{2}}\right)' = x^{\frac{1}{2}}$ より

$$\frac{1}{n\sqrt{n}}\sum_{k=1}^{n}\sqrt{k} = \frac{1}{n}\sum_{k=1}^{n}\frac{\sqrt{k}}{\sqrt{n}} \to \int_{0}^{1}\sqrt{x}\,dx = \frac{2}{3}$$

(3)　$(\arctan x)' = \dfrac{1}{1+x^2}$ より

$$\sum_{k=1}^{n}\frac{n}{n^2+k^2} = \frac{1}{n}\sum_{k=1}^{n}\frac{1}{1+\left(\frac{k}{n}\right)^2} \to \int_{0}^{1}\frac{1}{1+x^2}\,dx = \frac{\pi}{4}$$

問 3.3.1　(1)　$\arcsin\left(\dfrac{2x+1}{\sqrt{5}}\right)$　　(2)　$\dfrac{1}{4}\sin(2x) - \dfrac{1}{8}\sin(4x)$

(3)　$\dfrac{1}{4}\sinh(2x) - \dfrac{1}{2}x$

問 3.3.2　略

問 3.3.3　(1)　$\dfrac{1}{5}\cos^4 x\sin x + \dfrac{4}{15}\cos^2 x\sin x + \dfrac{8}{15}\sin x$

(2)　$-\dfrac{1}{6}\sin^5 x\cos x - \dfrac{5}{24}\sin^3 x\cos x - \dfrac{5}{16}\sin x\cos x + \dfrac{5}{16}x$

(3)　$x(\log x)^3 - 3x(\log x)^2 + 6x\log x - 6x$

問 3.4.1　(1)　$x^2 - \log(x^2+1) + \arctan x$

(2)　$\dfrac{1}{2}\log\left(\dfrac{x^2}{x^2+1}\right) + \dfrac{1}{2x^2+2}$

(3)　$\dfrac{1}{6}\log\left(\dfrac{(x+1)^2}{x^2-x+1}\right) + \dfrac{\sqrt{3}}{3}\arctan\left(\dfrac{2x-1}{\sqrt{3}}\right)$

問 3.4.2　(1)　$\dfrac{2}{15}(x+1)^{\frac{3}{2}}(3x-2)$

(2)　$\log(x+\sqrt{x-1}) - \dfrac{2}{\sqrt{3}}\arctan\left(\dfrac{2\sqrt{x-1}+1}{\sqrt{3}}\right)$

(3)　$\arctan\left(\sqrt{\dfrac{1+x^2}{1-x^2}}\right) - \dfrac{1}{2}\sqrt{1-x^4}$

問 3.4.3　(1)　$\dfrac{1}{\sqrt{3}}\log\left|\dfrac{\sqrt{x^2+x+1}+x-1-\sqrt{3}}{\sqrt{x^2+x+1}+x-1+\sqrt{3}}\right|$

(2)　$3\arctan\left(\sqrt{\dfrac{x-1}{2-x}}\right) - \sqrt{-2+3x-x^2}$

問 3.4.4　(1)　$\dfrac{2\sqrt{3}}{3}\arctan\left(\dfrac{\tan\left(\frac{x}{2}\right)}{\sqrt{3}}\right)$　　(2)　$\dfrac{x}{2} + \arctan\left(\dfrac{1+a}{1-a}\tan\left(\dfrac{x}{2}\right)\right)$

問 3.4.5　(1)　$\dfrac{2}{3}\arctan\left(\dfrac{\tan x}{2}\right) - \dfrac{x}{3}$　　(2)　$\tan x - x$

問 3.5.1 (1) $\displaystyle\int_0^t e^{\alpha x}\,dx = \left[\frac{1}{\alpha}e^{\alpha x}\right]_0^t = \frac{1}{\alpha}(e^{\alpha t}-1)$ より $\alpha \geq 0$ のとき発散，$\alpha <$ 0 のとき $-\dfrac{1}{\alpha}$ に収束する．

(2) $\displaystyle\int_0^1 \log x\,dx = -1$ より収束する．

問 3.5.2 (1) $\dfrac{1}{\sqrt{x^3+1}} \leq \dfrac{1}{x^{\frac{3}{2}}}$ より収束する．

(2) $\left|\dfrac{\sin^2 x}{x^2+1}\right| \leq \dfrac{1}{x^2+1}$ より収束する．

(3) $\dfrac{1}{\sqrt{x^2+x}} \geq \dfrac{1}{\sqrt{2x}}$ より発散する．

問 3.6.1 (1) 収束 (2) 発散
(3) $0 < \alpha \leq 1$ のとき発散，$1 < \alpha$ のとき収束．

問 3.6.2 (1) 12 (2) $\dfrac{256}{35}\sqrt{2}$ (3) $\dfrac{(2n-1)(2n-3)\cdots 1}{2^n}\sqrt{\pi}$

問 3.6.3 (1) $\dfrac{3\pi}{256}$ (2) $\dfrac{8}{693}$ (3) $\dfrac{16}{6435}$

演習 3.1 定理 1.5.19（最大値・最小値の定理）より，閉区間 $[a,b]$ 上の関数 $f(x)$ の最大値 M，最小値 m に対して，

$$m \leq \frac{1}{b-a}\int_a^b f(x)\,dx \leq M$$

を得るので定理 1.5.17（中間値の定理）を使う．

演習 3.2 $F(x) = \displaystyle\int_a^x f(t)\,dt$ とおいて $F(g(x)) = \displaystyle\int_a^{g(x)} f(t)\,dt$ を微分する．

演習 3.3 定理 3.2.4（微分積分学の基本定理）より

$$f(b) = f(a) + \int_a^b f'(x)\,dx$$

である．部分積分より

$$\int_a^b f'(x)\,dx = \int_a^b \{-(b-x)\}'f'(x)\,dx = f'(a)(b-a) + \int_a^b f''(x)(b-x)\,dx$$

だから

$$f(b) = f(a) + f'(a)(b-a) + \int_a^b f''(x)(b-x)\,dx$$

以下同様に繰り返す．

演習 3.4 (1) $\dfrac{1}{4}\log\left|\dfrac{x-1}{x+1}\right| - \dfrac{1}{2}\arctan x$

(2) $\dfrac{1}{4\sqrt{2}}\log\left(\dfrac{x^2+\sqrt{2}\,x+1}{x^2-\sqrt{2}\,x+1}\right) + \dfrac{1}{2\sqrt{2}}\{\arctan(\sqrt{2}\,x+1)+\arctan(\sqrt{2}\,x-1)\}$

(3) $2a\arctan\left(\sqrt{\dfrac{a+x}{a-x}}\right) - \sqrt{a^2-x^2}$

(4) $\log(x+\sqrt{x-1}) - \dfrac{2}{\sqrt{3}}\arctan\left(\dfrac{2\sqrt{x-1}+1}{\sqrt{3}}\right)$

(5) $\dfrac{1}{\sqrt{3}}\arctan\left(\dfrac{2}{\sqrt{3}}\sqrt{\dfrac{x-2}{3-x}}\right)$

(6) $\dfrac{1}{\sqrt{a}}\log\left|x-\dfrac{b}{2a}+\sqrt{x^2-\dfrac{b}{a}x}\right|$ (7) $\log|\log x|$ (8) $\arctan(e^x)$

(9) $\dfrac{2}{3}\arctan\left(\dfrac{5}{3}\tan\left(\dfrac{x}{2}\right)-\dfrac{4}{3}\right)$ (10) $\dfrac{\sqrt{5}}{2}\arctan\left(\dfrac{2}{\sqrt{5}}\tan x\right)-x$

(11) $x\arcsin x+\sqrt{1-x^2}$ (12) $x\arctan x-\dfrac{1}{2}\log(1+x^2)$

演習 3.5 略

演習 3.6 (1) $0<\alpha<1$ のとき収束する, $\alpha\geq 1$ のとき発散する.
(2) $0<\alpha<1$ のとき収束する, $\alpha\geq 1$ のとき発散する.
(3) $\alpha>1$ のとき収束する, $0<\alpha\leq 1$ のとき発散する.
(4) 収束. (5) 収束 (6) 収束

演習 3.7 略

演習 3.8 $f(x)=x^{s-1}e^{-x}$ とおけば,

$$\Gamma(s)=\int_0^1 f(x)\,dx+\int_1^\infty f(x)\,dx$$

右辺第 1 項は $0<s<1$ のとき $x=0$ で広義積分である. $0<x\leq 1$ のとき $0\leq f(x)\leq x^{s-1}$ より収束する. 右辺第 2 項は無限区間だから広義積分である. $\displaystyle\lim_{x\to\infty}x^{s+1}e^{-x}=0$ より

$$\exists M>1,\, x\geq M \;\Rightarrow\; \gamma(x)\leq\dfrac{1}{x^2}$$

よって収束する.

次に $g(x)=x^{p-1}(1-x)^{q-1}$ とおけば,

$$B(p,q)=\int_0^{\frac{1}{2}} g(x)\,dx+\int_{\frac{1}{2}}^1 g(x)\,dx$$

$0<p<1$ かつ $0<q<1$ のとき右辺第 1 項は $x=0$ で広義積分である. $0<x\leq\frac{1}{2}$ のとき $0\leq f(x)\leq 2^{1-q}x^{p-1}$ より収束する. 右辺第 2 項は $x=1$ で広義積分である. $\frac{1}{2}\leq x\leq 1$ のとき $0\leq g(x)\leq 2^{1-p}(1-x)^{q-1}$ より収束する.

演習 3.9 (1) $\Gamma(1) = 1$ は明らか.

$$\Gamma(s+1) = \int_0^\infty x^s(-e^{-x})'\,dx = [-x^s e^{-x}]_0^\infty + \int_0^\infty sx^{s-1}e^{-x}\,dx$$
$$= s\Gamma(s)$$

(2) $x = 1-t$ と置換する.

(3)
$$B(p+1, q) = \int_0^1 x^p\left\{-\frac{1}{q}(1-x)^q\right\}'\,dx$$
$$= \left[-\frac{1}{q}x^p(1-x)^q\right]_0^1 + \frac{1}{q}\int_0^1 px^{p-1}(1-x)^q\,dx$$
$$= \frac{p}{q}B(p, q+1)$$

また

$$B(p, q+1) = \int_0^1 x^{p-1}(1-x)^{q-1}(1-x)\,dx = B(p, q) - B(p+1, q)$$

これらより得られる.

(4) $B(1,1) = 1$ は明らか.

$$B\left(\frac{1}{2}, \frac{1}{2}\right) = \int_0^1 \frac{dx}{\sqrt{x(1-x)}} = \int_0^1 \frac{dx}{\sqrt{\left(\frac{1}{2}\right)^2 - \left(x-\frac{1}{2}\right)^2}} = \pi$$

演習 3.10 $B(p, q)$ の定義において $x = \sin^2\theta$ と置換する.

演習 3.11 (1) 左辺を $t = \frac{1}{1+x^p}$ と置換する.

(2) 左辺を $x = (b-a)t + a$ と置換する.

(3) 右辺を $x = \frac{t}{1+t}$ と置換する. (4) 左辺を $x^2 = t$ と置換する.

演習 3.12 $\displaystyle\int_0^\infty \sin(x^2)\,dx$ の収束性は $\displaystyle\int_1^\infty \sin(x^2)\,dx$ の収束性を考えれば十分である. $M > 1$ に対して

$$\int_1^M \sin(x^2)\,dx = \int_1^M \frac{-1}{2x}(\cos(x^2))'\,dx$$
$$= -\frac{1}{2}\left[\frac{\cos(x^2)}{x}\right]_1^M - \frac{1}{2}\int_1^M \frac{\cos(x^2)}{x^2}\,dx$$

右辺第 1 項は $M \to \infty$ のとき収束する. 右辺第 2 項は $\left|\frac{\cos(x^2)}{x^2}\right| \leq \frac{1}{x^2}$ より収束する.
また

$$\int_0^{\sqrt{n\pi}} |\sin(x^2)|\,dx \geq \frac{1}{\sqrt{\pi}}\sum_{k=1}^n \frac{1}{\sqrt{k}}$$

より $\displaystyle\int_0^\infty |\sin(x^2)|\,dx$ は発散する.

● **第 4 章**

問 **4.1.1** (1) 4 (2) e (3) $\sqrt{2}$

問 **4.2.1** (1) $\displaystyle\sum_{n=0}^{\infty}(-1)^n\frac{x^{2n+1}}{2n+1}$ $(|x|<1)$

(2) $\displaystyle\sum_{n=0}^{\infty}\frac{x^{2n+1}}{2n+1}$ $(|x|<1)$

(3) $\displaystyle\sum_{n=0}^{\infty}\frac{1\cdot3\cdots(2n-1)}{2\cdot4\cdots(2n)}\frac{x^{2n+1}}{2n+1}$ $(|x|<1)$

問 **4.2.2** (1) $\dfrac{\pi}{4}$ (2) $\dfrac{1}{2}\log 5$ (3) $\dfrac{\pi}{6}$

演習 **4.1** (1) $r=\infty$ (2) $r=1$ (3) $r=1$ (4) $r=1$

演習 **4.2** $r=\dfrac{\sqrt{5}-1}{2}$, $f(x)=\dfrac{1}{1-x-x^2}$

演習 **4.3** (1) $\displaystyle\sum_{n=0}^{\infty}\frac{1}{(2n+1)!}x^{2n+1}$ $(x\in\mathbb{R})$

(2) $\displaystyle\sum_{n=0}^{\infty}(2^{n+1}-1)x^n$ $\left(|x|<\dfrac{1}{2}\right)$

(3) $1+\displaystyle\sum_{n=1}^{\infty}(-1)^n\frac{2^{2n-1}}{(2n)!}x^{2n}$ $(x\in\mathbb{R})$

(4) $\displaystyle\sum_{n=0}^{\infty}(-1)^n\left(1+\frac{1}{3}+\cdots+\frac{1}{2n+1}\right)x^{2n+1}$ $(|x|<1)$

(5) (4) を利用する. $2\displaystyle\sum_{n=1}^{\infty}(-1)^{n-1}\left(1+\frac{1}{3}+\cdots+\frac{1}{2n-1}\right)\frac{x^{2n}}{2n}$ $(|x|<1)$

(6) $\displaystyle\sum_{n=0}^{\infty}\frac{2\cdot4\cdots(2n)}{3\cdot5\cdots(2n+1)}x^{2n+1}$ $(|x|<1)$

(7) $2\displaystyle\sum_{n=0}^{\infty}\frac{2\cdot4\cdots(2n)}{3\cdot5\cdots(2n+1)}\frac{x^{2n+2}}{2n+2}$ $(|x|<1)$

演習 **4.4** (1) (2) 数学的帰納法を用いる.
(3) もしマクローリン展開できたとすると (2) より

$$f(x)=\sum_{n=0}^{\infty}\frac{f^{(n)}(0)}{n!}x^n=0 \quad (|x|<r)$$

となり矛盾.

● **第5章**

問 5.1.1 (1) $D^i = D$, $\partial D = \{|x| \leq 1,\ y = \pm 1\} \cup \{x = \pm 1,\ y \leq |1|\}$, $\overline{D} = \{|x| \leq 1,\ |y| \leq 1\}$

(2) $D^i = \{|x| + |y| < 1\}$, $\partial D = \{y = -x + 1,\ 0 \leq x \leq 1\} \cup \{y = x + 1,\ -1 \leq x \leq 0\} \cup \{y = x - 1,\ 0 \leq x \leq 1\} \cup \{y = -x - 1,\ -1 \leq x \leq 0\}$, $\overline{D} = D$

(3) $D^i = \emptyset$, $\partial D = \overline{D} = D \cup \{(0, \frac{1}{n})\} \cup \{(\frac{1}{m}, 0)\} \cup \{(0, 0)\}$

問 5.1.2 $\overline{G(f)} \subset G(f)$ を示せば十分. $(x, y) \in \overline{G(f)}$ とする. $\lim_{n \to \infty} (x_n, y_n) = (x, y)$ となる $(x_n, y_n) \in G(f)$ をとる. $a \leq x_n \leq b$ より $a \leq x \leq b$ である. $y_n = f(x_n)$ より $f(x)$ は連続だから $y = f(x)$ である. よって $(x, y) \in G(f)$.

問 5.2.1

(1)

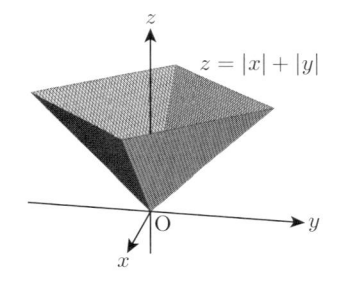

(2)

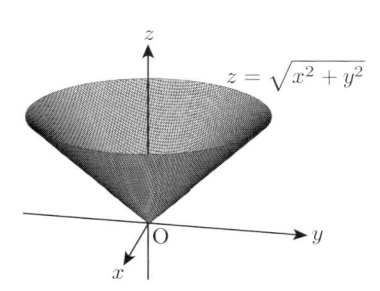

(3)

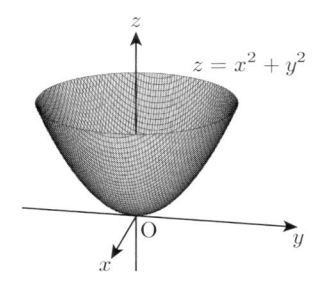

(4)

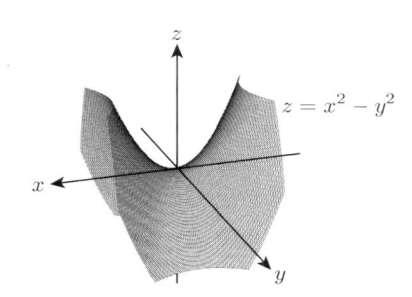

問 5.2.2 $(x, y) = (r \cos \theta, r \sin \theta)$ と変換する.

(1) $\left| \dfrac{x^3 + y^3}{x^2 + y^2} \right| = |r(\cos^3 \theta + \sin^3 \theta)| \leq 2r \to 0$

より極限は 0 である.

(2) $\dfrac{x}{\sqrt{x^2+y^2}} = \cos\theta$

より $\theta \equiv 0$ のとき 1, $\theta \equiv \dfrac{\pi}{2}$ のとき 0 だから極限なし.

(3) $\left| \dfrac{\sin(xy)}{\sqrt{x^2+y^2}} \right| \leq \dfrac{|xy|}{\sqrt{x^2+y^2}} \leq r \to 0$

より極限は 0 である.

問 5.2.3 (1)

$$\left| xy \frac{x^2-y^2}{x^2+y^2} \right| = |r^2 \cos\theta \sin\theta (\cos^2\theta - \sin^2\theta)| = |r^2 \cos\theta \sin\theta \cos(2\theta)| \leq r^2 \to 0$$

より連続である.

(2) $y = x$ とすると $\dfrac{\sin(xy)}{x^2+y^2} = \dfrac{\sin(x^2)}{2x^2} \to \dfrac{1}{2}$ より不連続である.

(3) $\left| \dfrac{e^{x^2+y^2}-1}{x^2+y^2} \right| = \dfrac{e^{r^2}-1}{r^2} \to 1$ より連続である.

問 5.3.1 (1) $f_x = \dfrac{2x}{x^2+y^2}, f_y = \dfrac{2y}{x^2+y^2}$

(2) $f_x = \dfrac{-y}{|x|\sqrt{x^2-y^2}}, f_y = \dfrac{-x}{|x|\sqrt{x^2-y^2}}$

(3) $f_x = yx^{y-1}, f_y = x^y \log x$

問 5.3.2 (1) $\dfrac{dz}{dt} = af_x(at+b, ct+d) + cf_y(at+b, ct+d)$

(2) $\dfrac{dz}{dt} = f_x(\cosh t, \sinh t)\sinh t + f_y(\cosh t, \sinh t)\cosh t$

問 5.3.3 $\boldsymbol{e} = (e_1, e_2) \in \mathbb{R}^2$, $\|\boldsymbol{e}\| = 1$, $t \neq 0$ に対して

$$\frac{f(t\boldsymbol{e}) - f(\boldsymbol{0})}{t} = \frac{1}{t}\frac{e_1^2 - 2e_2^2}{3e_1^2 + e_2^2}$$

より $e_1 \neq \pm\sqrt{2}\,e_2$ ならば $\boldsymbol{e}$ 方向微分不可能, $e_1 = \pm\sqrt{2}\,e_2$ ならば $\boldsymbol{e}$ 方向微分可能で微分係数は 0 である.

問 5.4.1 (1) $z_{xx} = 2a$, $z_{xy} = z_{yx} = b$, $z_{yy} = 2c$

(2) $z_{xx} = \dfrac{2xy}{(x^2+y^2)^2}$, $z_{xy} = z_{yx} = \dfrac{y^2-x^2}{(x^2+y^2)^2}$, $z_{yy} = \dfrac{-2xy}{(x^2+y^2)^2}$

(3) $z_{xx} = \dfrac{2(y^2-x^2)}{(x^2+y^2)^2}$, $z_{xy} = z_{yx} = \dfrac{-4xy}{(x^2+y^2)^2}$, $z_{yy} = \dfrac{2(x^2-y^2)}{(x^2+y^2)^2}$

問 5.4.2 $g''(t) = f_{xx}\sin^2 t - 2f_{xy}\sin t\cos t + f_{yy}\cos^2 t - f_x\cos t - f_y\sin t$

問 5.4.3 略

問 5.5.1 定理 5.5.4 (2 変数のテイラーの定理) を適用.

問 5.5.2 (1) 点 $\left(\frac{1}{3}, \frac{1}{3}\right)$ で極大値 $\frac{1}{27}$, 点 $(0,0)$, $(1,0)$, $(0,1)$ では極値をとらない.

(2) 点 $\left(\frac{1}{2}, \frac{1}{2}\right)$, $\left(-\frac{1}{2}, -\frac{1}{2}\right)$ で極小値 $-\frac{1}{8}$, 点 $\left(\frac{1}{2}, -\frac{1}{2}\right)$, $\left(-\frac{1}{2}, \frac{1}{2}\right)$ で極大値 $\frac{1}{8}$, 点 $(0,0)$, $(1,0)$, $(-1,0)$, $(0,1)$, $(0,-1)$ では極値をとらない.

(3)　$a \neq 0$ のとき，点 $(0,0)$ は極値をとらない，点 $(a,0)$, $(-a,0)$ は極小値 $-a^4$. $a = 0$ のとき，$f(x,y) = (x^2 + y^2)^2 \geq 0$ より点 $(0,0)$ は極小値（最小値）をとる．

問 5.6.1　$\varphi''(x) = \dfrac{2xy}{(x - y^2)^3}$

問 5.6.2　(1)　$x^2 + y^2 = 1$ での最大 $f\left(-\frac{1}{\sqrt{2}}, -\frac{1}{\sqrt{2}}\right) = \frac{5}{\sqrt{2}}$，最小 $f\left(\frac{1}{\sqrt{2}}, \frac{1}{\sqrt{2}}\right) = -\frac{5}{\sqrt{2}}$.

(2)　$x^2 + y^2 = 1$ での最大 $f(1,0) = f(0,1) = 1$，最小 $f(-1,0) = f(0,-1) = -1$，$f\left(\frac{1}{\sqrt{2}}, \frac{1}{\sqrt{2}}\right) = \frac{1}{\sqrt{2}}, f\left(-\frac{1}{\sqrt{2}}, -\frac{1}{\sqrt{2}}\right) = -\frac{1}{\sqrt{2}}$ は最大でも最小でもない．

(3)　最大 $f\left(\frac{\alpha \pm \sqrt{1-2\alpha}}{2}, \frac{\alpha \mp \sqrt{1-2\alpha}}{2}\right) = -1 + 2\sqrt{2}$（複号同順），ただし $\alpha = -1 + \sqrt{2}$，最小 $f\left(-\frac{1}{\sqrt{2}}, -\frac{1}{\sqrt{2}}\right) = \frac{-3-\sqrt{2}}{2}$，$f\left(\frac{1}{\sqrt{2}}, \frac{1}{\sqrt{2}}\right) = \frac{\sqrt{2}-3}{2}$ は最大でも最小でもない．

演習 5.1　(1) (2) (3) (4) (6)　略

(5)　$\|\boldsymbol{y}\| = 0$ のとき明らか．$\|\boldsymbol{y}\| \neq 0$ のとき

$$|\langle \boldsymbol{x}, \boldsymbol{y} \rangle| \leq \|\boldsymbol{x}\| \|\boldsymbol{y}\| \iff \left| \left\langle \boldsymbol{x}, \frac{1}{\|\boldsymbol{y}\|} \boldsymbol{y} \right\rangle \right| \leq \|\boldsymbol{x}\|$$

より $\|\boldsymbol{y}\| = 1$ と仮定してよい．$\boldsymbol{a} = \boldsymbol{x} - \langle \boldsymbol{x}, \boldsymbol{y} \rangle \boldsymbol{y}$ とおいて $\langle \boldsymbol{a}, \boldsymbol{a} \rangle \geq 0$ を計算すればよい．

(7)　(5) を使う．

演習 5.2　$\Rightarrow$)　$a \in \overline{D}$ とする．$n \in \mathbb{N}$ に対して，$\boldsymbol{x}_n \in B\left(\boldsymbol{a}, \frac{1}{n}\right) \cap D$ が存在する．$\Leftarrow$)　$\varepsilon > 0$ を任意にとる．$\lim_{n \to \infty} \boldsymbol{x}_n = \boldsymbol{a}$ となる $\boldsymbol{x}_n \in D$ が存在するから十分大きな n で $\boldsymbol{x}_n \in B(\boldsymbol{a}, \varepsilon) \cap D$ となる．

演習 5.3　$\Rightarrow$)　$\overline{D^c} \subset D^c$ を示せば十分．$\boldsymbol{a} \in \overline{D^c}$ かつ $\boldsymbol{a} \notin D^c$ が存在すると仮定する．$\lim_{n \to \infty} \boldsymbol{x}_n = \boldsymbol{a}$ となる $\boldsymbol{x}_n \in D^c$ をとる．$\boldsymbol{a} \in D$ かつ D が開集合だから $B(\boldsymbol{a}, \varepsilon) \subset D$ となる $\varepsilon > 0$ がとれる．十分大きな n で $\boldsymbol{x}_n \in B(\boldsymbol{a}, \varepsilon) \subset D$ となり矛盾．

$\Leftarrow$)　$D \subset D^i$ を示せば十分．$\boldsymbol{a} \in D$ かつ $\boldsymbol{a} \notin D^i$ が存在すると仮定する．$n \in \mathbb{N}$ に対して $\boldsymbol{x}_n \in B\left(\boldsymbol{a}, \frac{1}{n}\right) \cap D^c$ がとれる．D^c が閉集合だから $\lim_{n \to \infty} \boldsymbol{x}_n = \boldsymbol{a} \in D^c$ となり矛盾．

演習 5.4　(1)　$f_x = (-2x \sin(ax + by) + a \cos(ax + by))e^{-x^2 - y^2}$, $f_y = (-2y \times \sin(ax + by) + b \cos(ax + by))e^{-x^2 - y^2}$

(2)　$f_x = \dfrac{1}{x \log y}$, $f_y = -\dfrac{\log x}{y(\log y)^2}$

(3)　$f_x = 2x \arctan\left(\dfrac{y}{x}\right) - y$, $f_y = x - 2y \arctan\left(\dfrac{x}{y}\right)$

演習 5.5　(1), (2)　$\Delta f = 0$

演習 5.6　(1)　点 $\left(\frac{1}{2}, \frac{2}{3}\right)$ で極小値 $-\frac{1}{3}$ をとる．

(2) 点 $\left(\frac{1}{2}, \frac{1}{2}\right)$, 点 $\left(-\frac{1}{2}, -\frac{1}{2}\right)$ で極小値 $-\frac{1}{8}$ をとる. 点 $\left(\frac{1}{2}, -\frac{1}{2}\right)$, 点 $\left(-\frac{1}{2}, \frac{1}{2}\right)$ で極大値 $\frac{1}{8}$ をとる. 点 $(0,0)$, 点 $(0, \pm 1)$, 点 $(\pm 1, 0)$ では極値をとらない.

(3) 点 $\left(-\frac{\pi}{2} + 2m\pi, -\frac{\pi}{2} + 2n\pi\right)$ で極小値 -3 をとる. 点 $\left(\frac{\pi}{6} + 2m\pi, \frac{\pi}{6} + 2n\pi\right)$, 点 $\left(\frac{5\pi}{6} + 2m\pi, \frac{5\pi}{6} + 2n\pi\right)$ で極大値 $\frac{3}{2}$ をとる.

演習 5.7 (1) $x = 1$ のとき極小値 $y = 2$ をとる.

(2) $x = \sqrt[3]{2}$ のとき極大値 $y = \sqrt[3]{4}$ をとる.

(3) $x = \sqrt[5]{4}$ のとき極大値 $y = \sqrt[5]{16}$, $x = -\sqrt[5]{4}$ のとき極小値 $y = -\sqrt[5]{16}$ をとる.

演習 5.8 条件は有界閉集合なので定理 5.2.11（最大値・最小値の定理）より最大値・最小値が存在する.

(1) $f_x = 2x$, $f_y = 2 \neq 0$ より内部 $x^2 + y^2 < 2$ では極値をとらない. $g(x, y) = x^2 + y^2 - 2$ とおいて

$$\begin{cases} f_x = \lambda g_x \\ f_y = \lambda g_y \\ g = 0 \end{cases} \iff \begin{cases} 2x = \lambda(2x) \\ 2 = \lambda(2y) \\ x^2 + y^2 - 2 = 0 \end{cases}$$

を解くと, $(x, y) = (0, \pm\sqrt{2}), (\pm 1, 1)$ である. よって最大値 $f(\pm 1, 1) = 3$, 最小値 $f(0, -\sqrt{2}) = -2\sqrt{2}$ をとる.

(2) 内部 $x^2 + y^2 < 9$ において

$$f_x = y - \frac{x}{\sqrt{9 - x^2 - y^2}} = 0, \quad f_y = x - \frac{y}{\sqrt{9 - x^2 - y^2}} = 0$$

とおくと

$$0 = f_x - f_y = (x - y)\left(1 + \frac{1}{\sqrt{9 - x^2 - y^2}}\right)$$

より $x = y$ となる. このとき $f = x^2 + \sqrt{9 - 2x^2}$ だから

$$f' = \frac{2x(\sqrt{9 - 2x^2} - 1)}{\sqrt{9 - 2x^2}} = 0$$

を解くと $(x, y) = (0, 0), (\pm 2, \pm 2)$（複号同順）である.

次に $g(x, y) = x^2 + y^2 - 9 = 0$ において $f(x, y) = xy$ だから

$$\begin{cases} f_x = \lambda g_x \\ f_y = \lambda g_y \\ g = 0 \end{cases} \iff \begin{cases} y = \lambda(2x) \\ x = \lambda(2y) \\ x^2 + y^2 - 9 = 0 \end{cases}$$

を解くと $(x, y) = \left(\pm\frac{3}{\sqrt{2}}, \pm\frac{3}{\sqrt{2}}\right)$（複号任意）である. 以上により最大値 $f(\pm 2, \pm 2) = 5$, 最小値 $f\left(\pm\frac{3}{\sqrt{2}}, \mp\frac{3}{\sqrt{2}}\right) = -\frac{9}{2}$（複号同順）をとる.

演習 5.9 $f(x, y) = (x - x_0)^2 + (y - y_0)^2$ を考える. $\dfrac{|ax_0 + by_0 + c|}{\sqrt{a^2 + b^2}}$.

演習 5.10　$a > 0$ として，$g(x, y) = \frac{x}{p} + \frac{y}{q}$ とおく．有界閉集合 $g(x, y) = a$ $(x, y \geq 0)$ における $f(x, y)$ の極値を考える．定理 5.2.11（最大値・最小値の定理）より点 (x_0, y_0) で最大値をもつ．$x_0 = 0$ または $y_0 = 0$ のとき，$f(x_0, y_0) = 0$ より最大値ではない．よって $x_0 \neq 0$ かつ $y_0 \neq 0$ である．また定理 5.6.7（ラグランジュの未定乗数法）より

$$\frac{1}{px_0} f(x_0, y_0) = \frac{\lambda}{p}, \quad \frac{1}{qy_0} f(x_0, y_0) = \frac{\lambda}{q}$$

したがって，$x_0 = y_0 = a$ だから

$$f(x, y) \leq f(a, a) = a = \frac{x}{p} + \frac{y}{q}$$

● 第 6 章

問 6.1.1　分割 $\Delta_n = \left(\left\{ \frac{i}{n} \right\}_{i=0}^n, \left\{ \frac{j}{n} \right\}_{j=0}^n \right)$，代表系 $\xi_n = \left\{ \left(\frac{i}{n}, \frac{j}{n} \right) \right\}_{i,j}$ に対して

(1)　$R(f; \Delta_n, \xi_n) = \sum_{i,j} \left(\frac{i}{n} \right)^2 \frac{j}{n} \frac{1}{n^2} = \frac{1}{n^5} \left(\sum_i i^2 \right) \left(\sum_j j \right)$

$$= \frac{1}{n^5} \frac{n(n+1)(2n+1)}{6} \frac{n(n+1)}{2} \to \frac{1}{6} \quad (n \to \infty)$$

(2)　$R(f; \Delta_n, \xi_n) = \sum_{i,j} \frac{\left(\frac{j}{n} \right)^2}{1 + \frac{i}{n}} \frac{1}{n^2} = \left(\frac{1}{n} \sum_i \frac{1}{1 + \frac{i}{n}} \right) \left(\frac{1}{n^3} \sum_j j^2 \right)$

$$= \left(\frac{1}{n} \sum_i \frac{1}{1 + \frac{i}{n}} \right) \frac{1}{n^3} \frac{n(n+1)(2n+1)}{6}$$

$$\to \left(\int_0^1 \frac{1}{1+x} \, dx \right) \frac{1}{3} = \frac{1}{3} \log 2 \quad (n \to \infty)$$

問 6.1.2　(1)　$e - 1$　　(2)　$\frac{\pi^2}{12}$　　(3)　π

問 6.1.3　(1)　$\frac{333}{20}$　　(2)　$\frac{e^4}{2} - e^2$　　(3)　$\frac{\pi}{64}$

問 6.2.1　(1)　$\frac{1}{4}$　　(2)　4π　　(3)　$\frac{\pi}{16}$　　(4)　$\frac{39}{2}\pi$

問 6.3.1　(1)　$0 < \alpha < 2$ のとき $\frac{2\pi}{2-\alpha}$，$2 \leq \alpha$ のとき ∞.

(2)　$\frac{1}{2}$　　(3)　π　　(4)　$\frac{\pi}{2}$

問 6.4.1　(1)　$\frac{1}{96}$　　(2)　$\frac{13}{240}$　　(3)　$\frac{1}{2}$

問 6.4.2　(1)　$\frac{\pi}{4} h^4$　　(2)　$\frac{1}{2}\pi (e^{a^2} - a^2 - 1)$　　(3)　$\frac{a^5}{15} \left(\frac{\pi}{2} - \frac{8}{15} \right)$

問 **6.4.3** (1) $\dfrac{1}{4}\pi^2$ (2) $\dfrac{1}{16a}\pi(\pi-2)$ (3) $\dfrac{4}{15}\pi abc(a^2+b^2+c^2)$

問 **6.4.4** (1) $a^2\pi^2$ (2) $\dfrac{\pi(\pi-2)}{2a}$ (3) $\dfrac{8}{9}\pi$

問 **6.4.5** (1) $\dfrac{1}{d!}$ (2) $\dfrac{1}{d!}$ (3) $\dfrac{\pi^{\frac{d}{2}}\,\Gamma\big(\frac{d}{2}\big)}{(d-1)!}$

演習 **6.1** (1) $\dfrac{\pi}{4}-\dfrac{1}{2}\log 2$ (2) $e-2$

(3) $\dfrac{3}{4}e^2-2e-\dfrac{1}{4}$ (4) $\dfrac{7}{30}$

(5) $\dfrac{b^{m+n}-a^{m+n}}{m+n}\dfrac{(m-1)!!\,(n-1)!!}{(m+n)!!}\dfrac{\pi}{2}$ $(m,\,n$ が偶数$)$,

　　$\dfrac{b^{m+n}-a^{m+n}}{m+n}\dfrac{(m-1)!!\,(n-1)!!}{(m+n)!!}$ （それ以外）

ただし,

$$N\text{ が偶数のとき } N!!=N(N-2)\cdots 2,$$
$$N\text{ が奇数のとき } N!!=N(N-2)\cdots 1$$

とする.

(6) $\dfrac{5}{4}\pi$ (7) $\dfrac{a}{12}(2e^a a^2+a^2-6e^a a+6e^a-6)$

(8) $\dfrac{a^2 b^2 c^2}{48}$ (9) $\dfrac{\pi}{4}$ (10) $\dfrac{a_1\cdots a_d}{d!}$

演習 **6.2** 極座標に変換する.

演習 **6.3** (1) $\dfrac{\pi}{4}+\dfrac{1}{2}\log 2$ (2) $\dfrac{\pi}{a^2}$ (3) $\dfrac{4\pi}{735}$

(4) $\dfrac{\pi^{\frac{d+1}{2}}}{\Gamma\big(\frac{d+1}{2}\big)}$

演習 **6.4** (1)

$$\iint_D x^{p-1}y^{q-1}(1-x-y)^{r-1}\,dxdy$$
$$=\int_0^1 x^{p-1}(1-x)^{r-1}\left\{\int_0^{1-x}y^{q-1}\left(1-\dfrac{y}{1-x}\right)^{r-1}dy\right\}dx$$

で $t=\dfrac{y}{1-x}$ と置換する.

(2) (1) を利用する.

(3) $u=\dfrac{x^2}{a^2}$, $v=\dfrac{y^2}{b^2}$, $w=\dfrac{z^2}{c^2}$ と置換すれば

$$J(u,v,w)=\dfrac{abc}{8}u^{-\frac{1}{2}}v^{-\frac{1}{2}}w^{-\frac{1}{2}}$$

演習 6.5 (1) $\dfrac{4}{3}\pi abc$

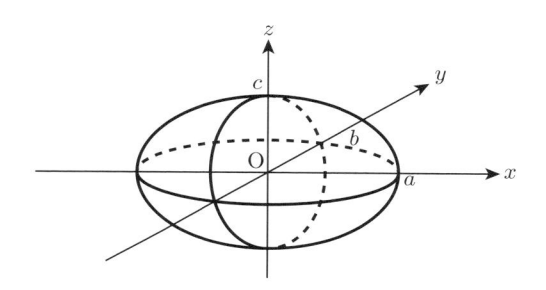

(2) $\dfrac{16}{3}a^3$

(3) $\left(\dfrac{2\pi}{3} - \dfrac{8}{9}\right)a^3$

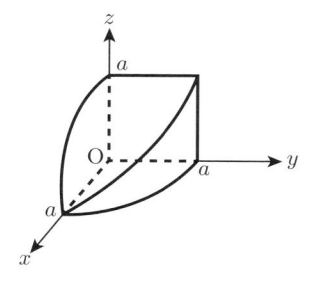

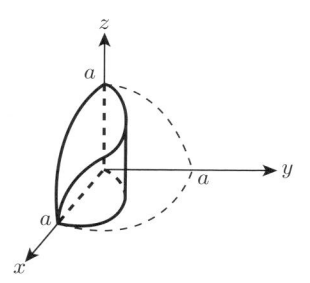

(4) $16\left(1 - \dfrac{1}{\sqrt{2}}\right)a^3$

(5) $\dfrac{1}{8}\left(\dfrac{1}{a^2} + \dfrac{1}{b^2}\right)\pi c^4$

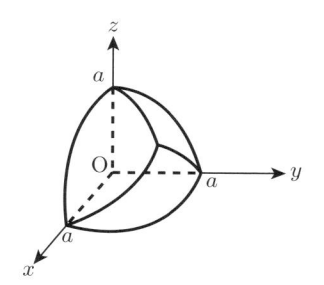

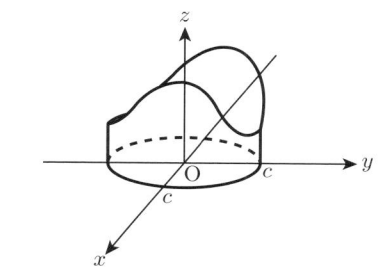

関 連 図 書

　本書を著すにあたり，下記の書物を参考にした．[1], [2] は辞書的な役割を果たす本である．何かわからないことがあるときに調べるために使う．そのときに少なくとも書いてあることが理解できる程度にはなっておきたい．[3], [4], [5], [6] はコンパクトにまとまっており，標準的な教科書として使われることが多い．[7] は「ε-δ 論法」に特化した本で，副読本としてお勧めする．

[1] 杉浦光夫，基礎数学 2 解析入門 I，東京大学出版会，1980.

[2] 杉浦光夫，基礎数学 3 解析入門 II，東京大学出版会，1985.

[3] 野村隆昭，微分積分学講義，共立出版，2013.

[4] 松木敏彦，理工系微分積分，学術図書出版社，2003.

[5] 三宅敏恒，入門微分積分，培風館，1992.

[6] 齋藤正彦，微分積分学，東京図書，2006.

[7] 田島一郎，解析入門，岩波書店，1981.

索　　引

著者略歴

岡 安　類
おか　やす　るい

2003 年　京都大学大学院理学研究科博士課程修了
現　　在　大阪教育大学教員養成課程数学教育講座准教授
　　　　　博士（理学）

主要著訳書

『作用素環の数理』（共訳，筑摩書房）

ライブラリ 新数学基礎テキスト＝ TK2

ガイダンス 微分積分

2019 年 12 月 10 日 ©　　　　　　　初　版　発　行

著　者　岡安　類　　　　発行者　森 平 敏 孝
　　　　　　　　　　　　印刷者　大 道 成 則

発行所　　株式会社　サ イ エ ン ス 社

〒151-0051　東京都渋谷区千駄ヶ谷 1 丁目 3 番 25 号
営業　☎ (03)5474–8500（代）　振替 00170–7–2387
編集　☎ (03)5474–8600（代）
FAX　☎ (03)5474–8900

印刷・製本　太洋社
《検印省略》

ISBN978–4–7819–1462–6

PRINTED IN JAPAN

サイエンス社のホームページのご案内
https://www.saiensu.co.jp
ご意見・ご要望は
rikei@saiensu.co.jp　まで．